中等职业学校工业和信息化精品系列教材

U0277478

After Effects
影视后期合成

项目式全彩微课版

主编：杨吟梅 陈曦

副主编：周秩祥 郭彩霞 徐长宝

人民邮电出版社

北　京

图书在版编目（ＣＩＰ）数据

After Effects影视后期合成 : 项目式全彩微课版 / 杨吟梅，陈曦主编. -- 北京 : 人民邮电出版社，2023.1
中等职业学校工业和信息化精品系列教材
ISBN 978-7-115-60131-5

Ⅰ. ①A… Ⅱ. ①杨… ②陈… Ⅲ. ①图像处理软件－中等专业学校－教材 Ⅳ. ①TP391.413

中国版本图书馆CIP数据核字(2022)第182480号

内 容 提 要

本书全面、系统地介绍 After Effects CC 2019 的基本操作方法和影视后期制作技巧，具体内容包括影视后期合成基础、After Effects CC 2019 基础操作、编辑图层、蒙版动画、时间轴制作效果、文字效果、制作效果、跟踪与表达式、抠像效果、声音效果、三维合成效果、渲染与输出、综合设计实训等。

本书采用"项目—任务"式结构，重点项目通过"任务引入"给出任务具体要求；通过"任务知识"帮助学生了解软件功能；通过"任务实施"帮助学生掌握软件操作技巧；通过"扩展实践"和"项目演练"拓展学生的实际应用能力。最后一个项目是综合设计实训，安排了 7 个真实商业案例，帮助学生熟悉商业制作流程，顺利达到实战水平。

本书可作为中等职业学校数字媒体类专业影视后期合成课程的教材，也可作为 After Effects 初学者的参考书。

◆ 主　　编　杨吟梅　陈　曦
　　副 主 编　周秩祥　郭彩霞　徐长宝
　　责任编辑　王亚娜
　　责任印制　王　郁　焦志炜
◆ 人民邮电出版社出版发行　　北京市丰台区成寿寺路 11 号
　　邮编　100164　　电子邮件　315@ptpress.com.cn
　　网址　https://www.ptpress.com.cn
　　北京尚唐印刷包装有限公司印刷
◆ 开本：889×1194　1/16
　　印张：14　　　　　　　　　　　　2023 年 1 月第 1 版
　　字数：288 千字　　　　　　　　　2023 年 1 月北京第 1 次印刷

定价：59.80 元

读者服务热线：(010)81055256　印装质量热线：(010)81055316
反盗版热线：(010)81055315
广告经营许可证：京东市监广登字 20170147 号

前 言
PREFACE

After Effects 是 Adobe 公司开发的影视后期制作软件，它功能强大、易学易用，深受广大影视制作爱好者和影视后期设计师的喜爱。目前，我国很多中等职业学校的数字艺术类专业都将 After Effects 作为一门重要的专业课程。为了帮助中等职业学校的教师全面、系统地讲授这门课程，让学生能够熟练地使用 After Effects 进行影视后期制作，我们几位长期从事 After Effects 教学的教师共同编写了本书。

本书根据《中等职业学校专业教学标准》要求编写，从人才培养目标、专业建设方案等方面做好顶层设计，明确专业课程标准，强化专业技能培养；并根据岗位技能要求，安排教材内容，引入企业真实案例，进行"项目—任务"式教学。

根据现代中等职业学校的教学方向和教学特色，我们对本书的编写体系做了精心的设计。全书根据 After Effects 的功能应用来编排项目，重点项目按照"任务引入—任务知识—任务实施—扩展实践—项目演练"顺序讲解。本书在内容编写方面，力求细致全面、重点突出；在文字叙述方面，注意言简意赅、通俗易懂；在案例设计方面，强调案例的针对性和实用性。

本书提供书中所有案例的素材及效果文件，微课视频可登录人邮学院（www.rymooc.com）搜索书名观看。另外，为方便教师教学，本书还配备了 PPT 课件、教案、教学大纲等丰富的教学资源，任课教师可登录人邮教育社区（www.ryjiaoyu.com）免费下载。本书的参考学时为 60 学时，各项目的参考学时参见学时分配表。

学时分配表

项目	课程内容	学时分配
项目 1	发现影视中的美——影视后期合成基础	2
项目 2	熟悉设计工具——After Effects CC 2019 基础操作	2
项目 3	掌握图层应用——编辑图层	6
项目 4	掌握蒙版应用——制作蒙版动画	6
项目 5	掌握时间轴应用——设置时间轴	6
项目 6	掌握文字应用——制作文字效果	2

续表

项目	课程内容	学时分配
项目7	掌握效果应用——制作效果	10
项目8	掌握跟踪应用——创建跟踪与表达式	4
项目9	掌握抠像应用——制作抠像效果	4
项目10	掌握声音添加技术——制作声音效果	2
项目11	掌握三维应用——制作三维合成效果	6
项目12	掌握影视输出技术——设置渲染与输出	2
项目13	掌握商业设计应用——综合设计实训	8
学时总计		60

　　本书由杨吟梅、陈曦任主编，周秩祥、郭彩霞、徐长宝任副主编。由于编者水平有限，书中难免存在疏漏和不足之处，敬请广大读者批评指正。

编者

2022 年 8 月

目 录

CONTENTS

项目1

发现影视中的美
——影视后期合成基础

随着互联网技术与数字视频技术的不断发展，影视后期合成的要求与审美也在相应地变化与提升，从事影视后期合成的相关人员需要系统地学习影视后期合成的应用技术与技巧。本项目将对影视后期合成的相关应用及工作流程进行简要介绍。通过本项目的学习，读者可以对影视后期合成有初步的认识，有助于高效地进行影视后期合成工作。

学习引导

知识目标

- 了解影视后期合成的应用领域
- 明确影视后期合成的工作流程

能力目标

- 掌握视频素材的收集方法

素养目标

- 培养对影视后期合成的基本兴趣

任务 1.1   了解影视后期合成的应用领域

1.1.1   任务引入

本任务要求读者首先了解影视后期合成的应用领域；然后通过在腾讯视频网站搜索、鉴赏优秀文化影视作品，提高对影视后期制作技术的认知。

1.1.2   任务知识：影视后期合成的应用领域

1 动态图形制作

动态图形是一种融合了图形设计与影视动画的语言，在视觉表现上基于平面设计的原理，在技术上融入影视动画的制作方法。动态图形的表现形式非常丰富，可以呈现出多样的图形效果。图 1-1 所示为动态图形效果。

图 1-1

2 视频包装制作

视频包装制作主要包括对影视、节目、广告及宣传片等项目的包装制作，通过影视后期合成，用户可以创建影片字幕、片头、片尾和过渡，并且利用关键帧或表达式可将任何内容转化为动画，从而获得丰富的表现效果。图 1-2 所示为视频包装制作效果。

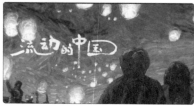

图 1-2

3 视觉特效制作

通过影视后期合成，用户可以在视频中制作令人震撼的特殊效果，包括制作火焰、下雨、爆炸等多种特殊效果；还可以创建 VR 视频，让观众沉浸其中。图 1-3 所示为视觉特效制作效果。

图 1-3

1.1.3 任务实施

（1）打开腾讯视频官网，在搜索框中输入关键词"大河之北·世界文化遗产"，如图 1-4 所示。按 Enter 键，进入搜索结果页面，如图 1-5 所示。

图 1-4

图 1-5

（2）此处以"第 1 集：长城"为例（见图 1-6），进行视频包装分析。片头以书本为载体，每个篇章都描摹了一幅壮观的地理画卷。影片运用三维特效来表现地质变迁与历史演变，极具视觉冲击力，营造出浓厚的文化氛围。

图 1-6

任务 1.2   明确影视后期合成的工作流程

1.2.1   任务引入

影视后期合成是影视作品制作过程中必不可少的环节，高质量的后期可以提升画面美感，使镜头的拼接更加紧凑，起到渲染画面氛围的作用。本任务通过讲解影视后期合成的工作流程知识，介绍影视后期合成的步骤。

1.2.2   任务知识：影视后期合成的工作流程

影视后期合成的基本流程为视频剪辑、加入特效、调色校色、音频合成、包装处理、成品输出 6 个步骤，如图 1-7 所示。

（a）视频剪辑

（b）加入特效

（c）调色校色

（d）音频合成

（e）包装处理

（f）成品输出

图 1-7

1.2.3   任务实施

（1）打开腾讯视频官网，在搜索框中输入关键词"风味人间"，如图 1-8 所示。按 Enter 键，进入搜索结果页面，如图 1-9 所示。

图 1-8

图 1-9

（2）此处以"第3集：调和·渊薮至味"（见图 1-10）为例进行后期合成工作流程的分析。片头简约明了地呈现了本季主题。影片包装紧扣主旨，突出了节目特点，加深了观众对影片的印象，使观众能够快速融入影片氛围。片尾与片头相呼应，从开头到结尾营造出了和谐、统一的气氛。

图 1-10

（3）影片画面（见图 1-11）剪辑流畅，转场自然，不同的片段运用不同的剪辑手法，给观众带来新鲜感。

图 1-11

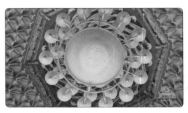

图 1-11（续）

（4）影片后期色调明亮、通透，同时遵循纪录片的本质要求，让画面显得自然、真实，让食材的质感细腻、色泽诱人，如图 1-12 所示。

图 1-12

（5）影片配乐是专为本季主题创作的片头曲《大海小鲜》，以欢快的节奏引起观众的兴趣，同时体现出大海温暖的一面。视频中不同片段搭配不同的插曲，如《家园》《厨房杂耍》《诱惑》等，以不同的风味或美食为媒介，细腻描绘渔民们生活中丰满、鲜活的故事，如图 1-13 所示。

图 1-13

项目2

熟悉设计工具

——After Effects CC 2019基础操作

02

本项目对After Effects CC 2019的工作界面、文件的基础知识、文件格式、视频输出和视频参数设置做详细讲解。通过本项目的学习，读者可以掌握After Effects的入门知识，为后面的学习打下坚实的基础。

学习引导

知识目标
- 了解 After Effects CC 2019 的工作界面
- 了解常见的视频文件格式

能力目标
- 掌握影视后期合成常见参数的设置方法
- 掌握视频输出的操作方法

素养目标
- 加深对视频编辑工具的了解

任务 2.1　After Effects CC 2019 的工作界面

2.1.1　任务引入

本任务要求读者首先掌握"新建合成"命令、"导入"命令的使用方法，熟悉菜单栏的操作方法，掌握"选取"工具和"横排文字"工具的使用方法，熟悉工具箱的使用方法；然后通过剪辑和合成制作完成温馨可爱、充满童趣的动画。

2.1.2　任务知识：菜单栏、"项目"面板、工具栏、"合成"面板和"时间轴"面板

❶ 菜单栏

菜单栏是绝大多数软件都具备的重要元素，它包含了软件的全部功能命令。After Effects CC 2019 提供了 9 个菜单，分别为文件、编辑、合成、图层、效果、动画、视图、窗口、帮助，如图 2-1 所示。

❷ "项目"面板

导入 After Effects CC 2019 中的所有文件及创建的所有合成文件和图层等，都可以在"项目"面板中找到。在"项目"面板中可以清楚地看到每个文件的类型、大小、媒体持续时间和文件路径等。当选中某一个文件时，可以在"项目"面板的上部查看该文件对应的缩略图和属性，如图 2-2 所示。

Adobe After Effects CC 2019 - 无标题项目.aep
文件(F)　编辑(E)　合成(C)　图层(L)　效果(T)　动画(A)　视图(V)　窗口　帮助(H)

图 2-1　　　　　　　　　　　　　　　　　　　图 2-2

❸ 工具栏

工具栏中包含经常使用的工具，有些工具按钮的右下角有三角形标记，表示其中含有多个工具。例如，在"矩形"工具■上按住鼠标左键不放，即可展开被隐藏的工具，拖动鼠标可进行选择。

After Effects CC 2019 工具栏如图 2-3 所示，包括"选取"工具▶、"手形"工具✋、"缩

放"工具🔍、"旋转"工具↻、"统一摄像机"工具🎥、"向后平移（锚点）"工具🖼、"矩形"工具▢、"钢笔"工具✐、"横排文字"工具T、"画笔"工具✏、"仿制图章"工具🔲、"橡皮擦"工具◈、"Roto 笔刷"工具🔏、"人偶位置控制点"工具📌、"本地轴模式"工具🔺、"世界轴模式"工具🔺、"视图轴模式"工具🔖。

图 2-3

4 "合成"面板

"合成"面板中可直接显示出素材组合经过特效处理后的合成画面。该面板不仅具有预览功能，还具有控制、操作、管理素材，调整面板比例、当前时间、分辨率、图层线框、3D 视图模式和标尺等功能，它是 After Effects CC 2019 中非常重要的工作面板，如图 2-4 所示。

5 "时间轴"面板

利用"时间轴"面板可以精确设置后期合成中的各种素材的位置、时间、效果和属性等，还可以进行图层顺序的调整和关键帧动画的设置，如图 2-5 所示。

图 2-4

图 2-5

2.1.3 任务实施

（1）打开 After Effects CC 2019，选择"合成 > 新建合成"命令，弹出"合成设置"对话框。在"合成名称"文本框中输入"最终效果"，其他选项的设置如图 2-6 所示。单击"确定"按钮，创建一个新的合成"最终效果"。

（2）选择"文件 > 导入 > 文件"命令，弹出"导入文件"对话框。选择云盘中的"Ch02 > 旅游广告 >（Footage）> 01"文件，单击"打开"按钮，导入视频到"项目"面板，如图 2-7 所示。

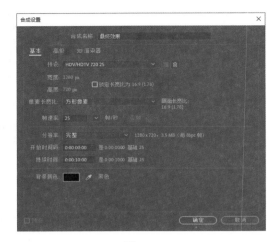

图 2-6　　　　　　　　　　　　　　　　图 2-7

（3）在"项目"面板中选中"01"文件，并将其拖曳到"时间轴"面板中，如图 2-8 所示。"合成"面板中的效果如图 2-9 所示。

图 2-8　　　　　　　　　　　　　　　　图 2-9

（4）选中"01.avi"图层，选择"选取"工具 ，在按住 Shift 键的同时，拖曳右下方的控制点到适当的位置，如图 2-10 所示。"合成"面板中的效果如图 2-11 所示。

图 2-10　　　　　　　　　　　　　　　　图 2-11

（5）选择"横排文字"工具 ，在"合成"面板的上方输入文字"儿童天地"。选择"窗口 > 字符"命令，在弹出的"字符"面板中进行设置，如图 2-12 所示。"合成"面板中的效果如图 2-13 所示。

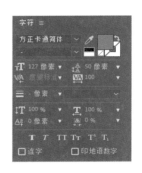

图 2-12　　　　　　　　　　　　　　　图 2-13

任务 2.2　影视后期基础知识

2.2.1　任务引入

本任务要求读者首先了解像素比、分辨率、帧速率等概念，并掌握这些参数的设置方法；然后对照片进行饱和度的调整。

2.2.2　任务知识：像素长宽比、分辨率、帧速率

❶ 像素比

不同规格的电视的像素长宽比是不一样的，在计算机中播放视频时，使用 1:1 的方形像素长宽比；在电视上播放视频时，使用 D1/DV PAL（1.09）的像素长宽比，以保证在实际播放时画面不变形。

选择"合成 > 新建合成"命令，或按 Ctrl+N 组合键，在弹出的"合成设置"对话框中可以设置相应的像素长宽比，如图 2-14 所示。

选择"项目"面板中的视频素材，选择"文件 > 解释素材 > 主要"命令，弹出图 2-15 所示的对话框，在这里可以设置导入素材的不透明度、帧速率、场和像素长宽比等。

❷ 分辨率

普通电视节目和 DVD 的分辨率是 720 像素 ×576 像素。设置时应尽量使用同一尺寸，以保证分辨率统一。

分辨率过大的视频在制作时会占用大量的计算机资源，分辨率过小的视频则会在播放时出现清晰度不够的问题，故应根据实际情况选择合适的分辨率。

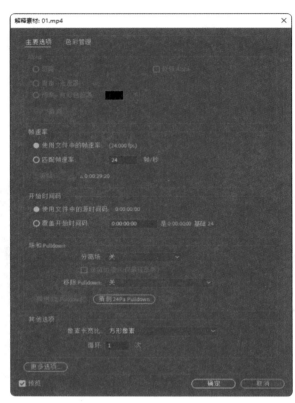

图 2-14　　　　　　　　　　　　　　　图 2-15

选择"合成 > 新建合成"命令，或按 Ctrl+N 组合键，在弹出的对话框中设置分辨率，如图 2-16 所示。

③ 帧速率

PAL 制式电视的帧速率是每秒播放 25 帧画面，也就是 25 帧 / 秒，只有使用正确的帧速率才能流畅地播放动画。过高的帧速率会导致资源浪费，过低的帧速率会使画面播放不流畅，从而产生抖动。

选择"文件 > 项目设置"命令，或按 Ctrl+Alt+ Shift+K 组合键，在弹出的对话框中进行设置，如图 2-17 所示。

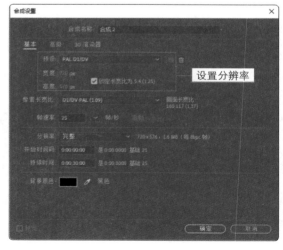

图 2-16　　　　　　　　　　　　　　　图 2-17

这里设置的是时间轴的显示方式。如果要按帧制作动画，可以选择"项目设置"面板"时间显示样式"选项卡中的"帧数"选项，这样不会影响最终的动画帧速率。

提示

　　也可选择"合成 > 新建合成"命令，在弹出的对话框中设置帧速率，如图 2-18 所示。

　　还可选择"项目"面板中的视频素材，选择"文件 > 解释素材 > 主要"命令，在弹出的对话框中修改帧速率，如图 2-19 所示。

　　　　如果是动画序列，则需要将帧速率设置为 25 帧 / 秒；如果是动画文件，则不需要修改帧速率，因为动画文件本身包含了帧速率信息，并且会被 After Effects 识别，如果修改这个设置，会改变动画原有的播放速度。

提示

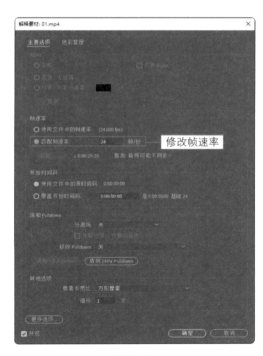

图 2-18　　　　　　　　　　　　　　　　　图 2-19

❹ 安全框

安全框限定了可以被用户看到的画面范围。安全框以外的部分播放时不会显示，安全框以内的部分会完全显示。单击"合成"面板左下角的"选择网格和参考线选项"按钮，在弹出的列表中选择"标题 / 动作安全"选项，即可打开安全框查看可视范围，如图 2-20 所示。

❺ 运动模糊

运动模糊会产生拖尾效果，使每帧画面更接近，减少帧之间因为画面差距大而引起的闪烁或抖动，但这会降低图像的清晰度。

按 Ctrl+M 组合键，在弹出的"渲染队列"面板中单击"最佳设置"按钮，在弹出的"渲染设置"对话框中设置运动模糊，如图 2-21 所示。

图 2-20

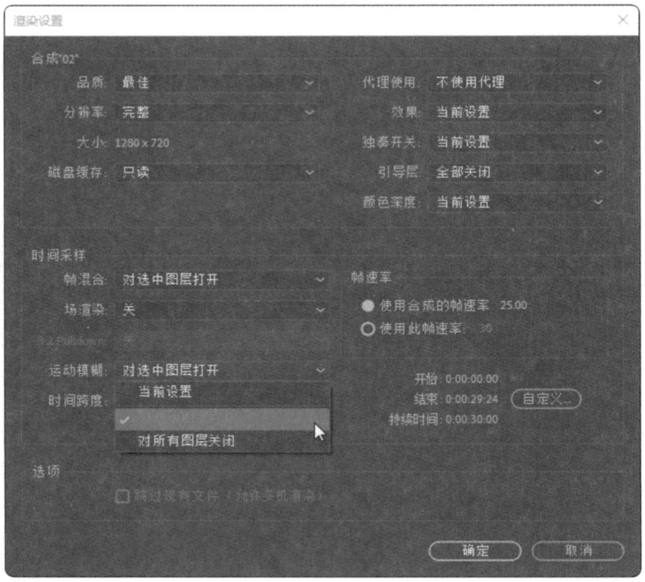

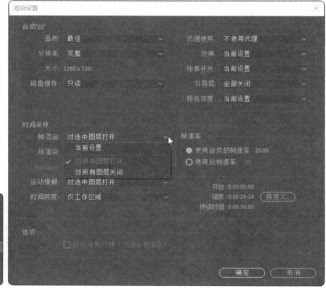

图 2-21

⑥ 帧混合

帧混合可以用来消除画面的轻微抖动；对于有场的素材，也可以用来抗锯齿，但效果有限。在 After Effects 中，帧混合的相关设置如图 2-22 所示。

按 Ctrl+M 组合键，在弹出的"渲染队列"面板中单击"最佳设置"按钮，在弹出的"渲染设置"对话框中设置帧混合参数，如图 2-23 所示。

图 2-22

图 2-23

2.2.3 任务实施

（1）打开 After Effects CC 2019，选择"文件 > 导入 > 文件"命令，弹出"导入文件"对话框，选择云盘中的"Ch02 > 调整照片的饱和度 > (Footage) > 01"文件，单击"导入"按钮，将图片导入"项目"面板中。在"项目"面板中选择"01"文件，将其拖曳到面板下方的"新建合成"按钮 上，如图 2-24 所示，自动创建一个合成。

（2）按 Ctrl+K 组合键，弹出"合成设置"对话框，在"合成名称"文本框中输入"鹦鹉"，其他设置如图 2-25 所示，单击"确定"按钮完成设置。

图 2-24

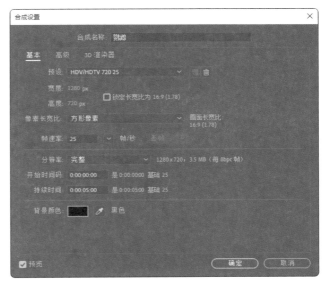

图 2-25

（3）选择"效果 > 颜色校正 > 色相 / 饱和度"命令，在"效果控件"面板中进行设置，如图 2-26 所示。"合成"面板中的效果如图 2-27 所示。

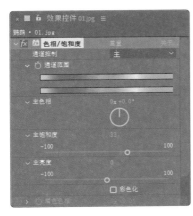

图 2-26

图 2-27

（4）选择"文件 > 存储"命令，在弹出的"存储为"对话框中设置文件保存路径，在"文件名"文本框中输入名称。单击"保存"按钮保存文件。

任务 2.3　打开与输出不同格式的视频

2.3.1　任务引入

本任务要求读者首先认识常用图形图像文件格式和视、音频压缩编码格式；然后打开与输出不同格式的视频，熟悉文件操作方法。

2.3.2　任务知识：常用图形图像文件格式和视、音频压缩编码格式

1 常用图形图像文件格式

◎ GIF

GIF 是存储 8 位图像的文件格式，支持图像的透明背景，采用无失真压缩技术，多用于网页制作和网络传输。

◎ JPEG 格式

JPEG 格式是采用静止图像压缩编码技术的图像文件格式，是目前网络上应用较广的图像格式，支持不同的压缩比。

◎ BMP 格式

BMP 格式最初是 Windows 操作系统的画图软件所使用的图像格式，现在已经被多种图形图像处理软件所支持和使用。它是位图格式，有单色位图、16 色位图、256 色位图、24 位真彩色位图等。

◎ PSD 格式

PSD 格式是 Photoshop 所使用的图像格式，它能保留 Photoshop 制作流程中各图层的图像信息，越来越多的图像处理软件开始支持这种文件格式。

◎ FLM 格式

FLM 格式是 Premiere 使用的一种图像格式。Premiere 将视频片段输出成序列帧图像，每帧图像的左下角为时间编码，以 SMPTE 时间编码标准显示；右下角为帧编号，可以在 Photoshop 中对其进行处理。

◎ TGA 格式

TGA 格式是一种图形、图像数据的通用格式，在多媒体领域有着很大影响，是计算机生成的图像向电视图像转换的一种首选格式。TGA 格式的文件结构比较简单。

◎ TIFF

TIFF 是一种可以存储高质量图像的位图格式。TIFF 与 JPEG 格式一样，受到业界广泛

欢迎。

◎ DXF

DXF 是一种开放的矢量数据格式，由于其拥有较强的通用性，因此被广泛使用。

◎ PIC 格式

PIC 格式是一种可以记录和存储影像信息的格式，针对性强，常用于工程制图中。

◎ PCX 格式

PCX 格式是 Z-soft 公司为存储绘画程序产生的图像而建立的图像文件格式，是位图文件的标准格式，是一种基于个人计算机绘图程序的专用格式。

◎ EPS 格式

EPS 格式可用于矢量图形和位图图形，几乎支持所有的图形和页面排版程序，常用于在应用程序间传输 PostScript 语言图稿。EPS 格式支持多种颜色模式，还支持剪贴路径，但不支持 Alpha 通道。

◎ RLA 格式与 RPF 格式

RLA 格式与 RPF 格式是一种可以包括 3D 信息的文件格式，通常用于 3D 图形在特效合成软件中的后期合成。相对于 RLA 格式，RPF 可以包含更多的信息，是一种较先进的文件格式。

2 常用视频压缩编码格式

◎ AVI 格式

音频视频交错（Audio Video Interleaved，AVI），就是可以将视频和音频交织在一起进行同步播放。AVI 格式的优点是图像质量好，可以跨多个平台使用；缺点是文件过于庞大，且压缩标准不统一。

◎ MPEG 格式

MPEG 格式是运动图像的压缩算法的国际标准，它采用有损压缩方法，减少了运动图像中的冗余信息。目前 MPEG 格式有 3 个压缩标准，分别是 MPEG-1、MPEG-2 和 MPEG-4。

MPEG-1 是针对 1.5Mbit/s 以下数据传输速率的数字存储媒体运动图像及其伴音编码而设计的国际标准，也就是通常见到的 VCD 格式。

MPEG-2 的设计目标为高级工业标准的图像质量及更高的传输速率。这种格式主要应用在 DVD/SCVD 的制作（压缩）方面，同时在一些 HDTV（High Definition Television，高清晰度电视）和一些高要求视频编辑、处理上也有相当多的应用。

MPEG-4 是为了播放流式媒体的高质量视频专门设计的。它可以利用很窄的带宽，通过帧重建技术压缩和传输数据，以求使用最少的数据获得最佳的图像质量。

◎ H.264 格式

H.264 和 H.261、H.263 一样，都采用 DCT 变换编码加 DPCM 的差分编码，即混合编码结构。H.264 在混合编码的框架下引入新的编辑方式，提高了编辑效率，更贴近实际应用。同时，H.264 没有烦琐的选项，有比 H.263 更好的压缩性能，还具有适应多种信道的能力。

H.264 应用广泛，可满足不同传输速率、不同场合的视频应用，具有良好的抗误码和抗丢包处理能力，能很好地适应 IP 和无线网络的使用环境。这对目前在因特网中传输多媒体信息、在移动网中传输宽带信息等都具有重要意义。

◎ DivX 格式

DivX 格式是由 MPEG-4 衍生出的一种视频编码（压缩）标准，也就是通常所说的 DVDRip 格式。其画质接近 DVD 但文件量远小于 DVD。

◎ MOV 格式

MOV 格式默认的播放器是 QuickTime Player。它具有较高的压缩比和较完美的视频清晰度，但是其最大的特点是跨平台性，不仅支持 mac OS，还支持 Windows 系列。

◎ ASF

ASF 可以直接使用 Windows Media Player 播放 ASF 视频。由于它使用了 MPEG-4 的压缩算法，所以压缩比和图像的质量都很不错。

◎ RM 格式

用户可以使用 RealPlayer 和 RealOne Player 对符合 Real Media 技术规范的网络音频与视频资源进行实时播放，并且 Real Media 还可以根据不同的网络传输速率制定出不同的压缩比，从而在低速率的网络上实现实时传送和播放影像数据。这种格式的另一个特点是用户使用 RealPlayer 或 RealOne Player 播放器可以在不下载音频与视频内容的条件下实现在线播放。

◎ RMVB 格式

RMVB 是一种由 RM 视频格式升级衍生出的新视频格式，RMVB 格式的先进之处在于打破了 RM 格式平均压缩采样的方式，在保证平均压缩比的基础上合理利用了浮动码率编码方式，即静止和动作场面少的画面场景采用较低的码率，这样可以留出更多的带宽，而这些带宽会在出现快速运动的画面场景时被利用。这样在保证静止画面质量的前提下可以大幅提高运动图像的画面质量，从而使图像画面质量和文件大小之间达到巧妙的平衡。

❸ 常用音频压缩编码格式

◎ CD 格式

目前音质较好的音频格式是 CD（Compat Dist）格式。在大多数播放软件的"打开文件类型"中，都可以看到 .cda 文件，这就是 CD 音轨。标准 CD 格式采用 44.1kHz 的采样频率、88kbit/s 的速率、16 位量化位数。CD 音轨可以说是近似无损的，因此它播放出的声音是非常接近原声的。

◎ WAV 格式

WAV 格式它符合资源交换文件格式（Resource Interchange File Format，RIFF）的文件规范，

用于保存 Windows 平台的音频资源，被 Windows 平台及其应用程序所支持。

◎ MP3 格式

MP3 指的是 MPEG 标准中的音频部分，也就是 MPEG 音频层。根据压缩质量和编码处理的不同可以将其分为 3 层，分别对应 .mp1、.mp2、.mp3 这 3 种声音文件。

相同长度的音乐文件，用 MP3 格式来存储，其文件大小一般只有 WAV 格式文件的十分之一，而音质略次于 CD 格式或 WAV 格式的声音文件。

◎ MIDI 格式

MIDI 文件主要用于原始乐器作品、流行歌曲的业余表演、游戏音轨及电子贺卡等。MIDI 文件重放的效果完全依赖于声卡的档次。MIDI 格式常用于计算机作曲领域。MIDI 文件可以用作曲软件写出，也可以通过声卡的 MIDI 把外接乐器演奏的乐曲输入计算机里来制成。

◎ WMA 格式

WMA 格式的音频音质要强于 MP3 格式，它是以减少数据流量保持音质的方法来达到比 MP3 压缩比更高的目的，WMA 格式的压缩比一般可以达到 1:18 左右。

WMA 格式还支持音频流（Stream）技术，适合在网络上在线播放。

④ 视频输出的设置

按 Ctrl+M 组合键，弹出"渲染队列"面板，单击"输出组件"右侧的"无损"按钮，弹出"输出模块设置"对话框，在这个对话框中可以对视频的输出格式及其相应的编码方式、视频大小、比例、音频等进行设置，如图 2-28 所示。

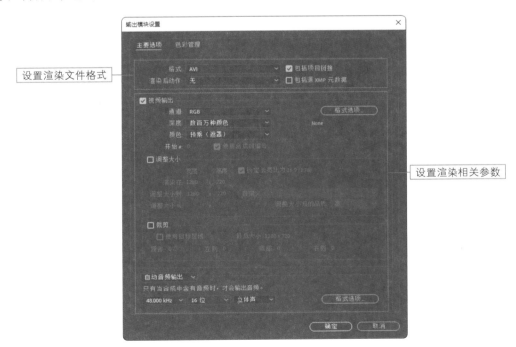

图 2-28

❺ 视频文件的打包设置

一些影视合成或者编辑软件中用到的素材可能分布在硬盘的各个地方，因此在另外的设备上打开工程文件时会碰到部分文件丢失的情况。如果要一个一个地把素材找出来并复制显然很麻烦，使用"打包"命令可以自动把文件收集在一个目录中打包。

选择"文件 > 整理工程（文件）> 收集文件"命令，在弹出的对话框中单击"收集"按钮，即可完成打包操作，如图 2-29 所示。

图 2-29

2.3.3 任务实施

（1）打开 After Effects CC 2019，选择"文件 > 打开项目"命令，弹出"打开"对话框，选择云盘中的"Ch02 > 海上动画 > 海上动画"文件，如图 2-30 所示，单击"打开"按钮打开文件。"合成"面板中的效果如图 2-31 所示。

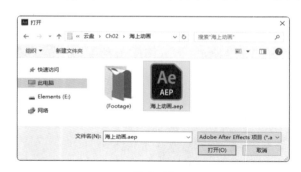

图 2-30

图 2-31

（2）选择"合成 > 添加到渲染队列"命令，弹出"渲染队列"面板，如图 2-32 所示。

图 2-32

（3）在"渲染队列"面板中单击"输出模块："右侧的"无损"按钮，在弹出的"输出模块设置"对话框中进行设置，如图 2-33 所示，单击"确定"按钮完成设置。在"渲染队列"面板中，单击"输出到："右侧的"最终效果"按钮，在弹出的"将影片输出到："对话框中选择要保持文件的位置，如图 2-34 所示，单击"保存"按钮完成设置。

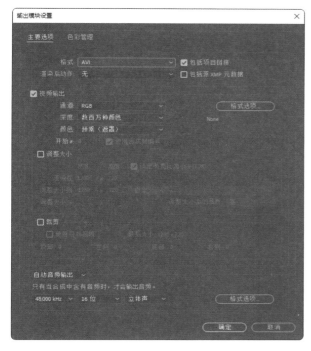

图 2-33   图 2-34

（4）在"渲染队列"面板中单击"渲染"按钮，进行文件的渲染输出，如图 2-35 所示。找到指定输出的文件夹，可以看到输出后的文件，如图 2-36 所示，双击该文件，即可脱离 After Effects 进行播放。

图 2-35   图 2-36

项目3

掌握图层应用
——编辑图层

03

本项目对After Effects CC 2019中图层的应用与操作做详细讲解。通过本项目的学习，读者可以充分理解图层的概念，并能够掌握图层的基本操作方法和使用技巧。

学习引导

知识目标
- 了解图层的概念
- 了解图层的基本变换属性

能力目标
- 熟练掌握图层的基本操作方法
- 掌握关键帧动画的制作方法

素养目标
- 提高保护环境的意识

实训项目
- 制作文字飞入效果
- 制作飞机运动效果

任务 3.1　制作文字飞入效果

微课

任务 3.1

3.1.1　任务引入

本任务要求读者首先了解如何改变图层的顺序，如何复制、替换图层等；然后通过添加关键帧、立体效果，调整图层等操作，制作贴合植树节主题的文字飞入效果。最终效果参看云盘中的"Ch03 > 制作文字飞入效果 > 制作文字飞入效果"，如图 3-1 所示。

图 3-1

3.1.2　任务知识：改变图层的顺序、复制图层和替换图层

❶　了解图层的概念

在 After Effects 中，无论是创作合成动画，还是制作特殊效果，都离不开图层，因此制作视频的第一步就是了解和掌握图层。"时间轴"面板中的素材都是以图层的方式按照上下位置关系依次排列的，如图 3-2 所示。

图 3-2

可以将 After Effects 中的图层想象为一层层叠放的透明胶片，上一层中的内容将遮盖住下一层中的内容，而上一层中没有内容的地方则露出下一层的内容，如果上一层处于半透明状态，则系统将依据半透明程度混合显示下一层的内容，这是图层最简单、最基本的概念。图层之间还存在更复杂的组合关系，例如叠加模式、蒙版合成方式等。

❷　将素材放置到"时间轴"面板上

只有将素材放入"时间轴"面板中，才可以对其进行编辑。将素材放入"时间轴"面板的方法如下。

• 将素材直接从"项目"面板拖曳到"合成"面板中，如图 3-3 所示，鼠标指针拖动的位置可以决定素材在合成画面中的位置。

• 在"项目"面板中拖曳素材到合成层上，如图 3-4 所示。

图 3-3　　　　　　　　　　　　　　　　图 3-4

- 在"项目"面板中选中素材，按 Ctrl+/ 组合键，将所选素材置入"时间轴"面板中。
- 将素材从"项目"面板拖曳到"时间轴"面板中，在未松开鼠标左键时，"时间轴"面板中会显示一条蓝色线，根据它所在的位置可以决定将素材置入哪一个图层，如图 3-5 所示。
- 将素材从"项目"面板拖曳到"时间轴"面板中，在未松开鼠标左键时，不仅会出现一条蓝色线，用于决定将素材置入哪一个图层，同时还会在时间标尺处显示时间标签，用于决定素材入场的时间，如图 3-6 所示。

图 3-5　　　　　　　　　　　　　　　　图 3-6

- 在"项目"面板中双击素材，通过"素材"面板打开素材，单击 与 按钮设置素材的入点和出点，单击"波纹插入编辑"按钮 或者"叠加编辑"按钮 将素材插入"时间轴"面板，如图 3-7 所示。

❸ 改变图层的顺序

- 在"时间轴"面板中选择图层，将图层向上或向下拖曳到适当的位置，可以改变图层的顺序。拖曳时注意观察蓝色水平线的位置，如图 3-8 所示。

图 3-7

图 3-8

· 在"时间轴"面板中选择图层，通过菜单命令或组合键上下移动图层位置的方法如下。

选择"图层 > 排列 > 将图层置于顶层"命令，或按 Ctrl+Shift+] 组合键将图层移到最顶层。

选择"图层 > 排列 > 将图层前移一层"命令，或按 Ctrl+] 组合键将图层往上移一层。

选择"图层 > 排列 > 将图层后移一层"命令，或按 Ctrl+ [组合键将图层往下移一层。

选择"图层 > 排列 > 将图层置于底层"命令，或按 Ctrl+Shift+ [组合键将图层移到最底层。

④ 复制图层和替换图层

◎ 复制图层的方法一

选中图层，选择"编辑 > 复制"命令，或按 Ctrl+C 组合键复制图层。选择"编辑 > 粘贴"命令，或按 Ctrl+V 组合键粘贴图层，粘贴出来的新图层具有原图层的所有属性。

◎ 复制图层的方法二

选中图层，选择"编辑 > 重复"命令，或按 Ctrl+D 组合键快速复制图层。

◎ 替换图层的方法一

在"时间轴"面板中选择需要替换的图层，在"项目"面板中按住 Alt 键拖曳替换的新素材到"时间轴"面板中，如图 3-9 所示。

图 3-9

◎ 替换图层的方法二

在"时间轴"面板中选择需要替换的图层，单击鼠标右键，在弹出的菜单中选择"显示 > 在项目流程图中显示图层"命令，弹出"流程图"面板。在"项目"面板中，将替换的新素材拖曳到"流程图"面板中的目标图层上，如图3-10所示。

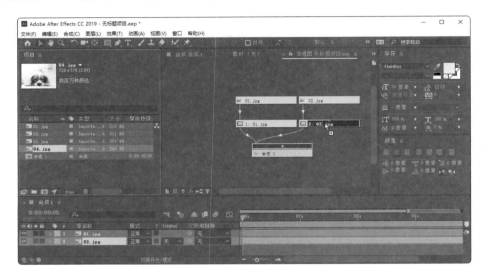

图3-10

❺ 图层标记

标记对声音素材来说有着特殊的意义，例如标记某个高音或者某个鼓点。在整个创作过程中，设置图层标记可以快速、准确地知道某个时间发生了什么。

◎ 添加图层标记

在"时间轴"面板中选中图层，并移动时间标签到指定时间点，如图3-11所示。

图3-11

选择"图层 > 标记 > 添加标记"命令，或按数字键盘上的 * 键，添加图层标记，如图3-12所示。

图3-12

提示　　在视频的创作过程中，视觉画面总是与音乐匹配，选择背景音乐图层，按数字键盘上的0键预听音乐。注意一边听一边在音乐变化时按数字键盘上的 * 键设置标记作为后续添加动画关键帧的参考，音乐停止播放后将显示出所有标记。

◎ 修改图层标记

单击并拖曳图层标记到新的时间位置上即可修改
图层标记；或者双击图层标记，在弹出的"图层标记"
对话框的"时间"文本框中输入目标时间，精确修改
图层标记的时间，如图 3-13 所示。

另外，为了更好地识别各个标记，可以给标记添
加注释。双击标记，在弹出的"图层标记"对话框的"注
释"文本框中输入说明文字，如"标记开始"，如图 3-14 所示。

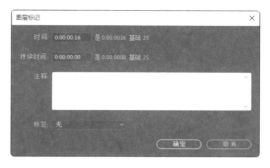

图 3-13

图 3-14

◎ 删除图层标记

• 在目标标记上单击鼠标右键，在弹出的菜单中选择"删除此标记"或者"删除所有标
记"命令。

• 在按住 Ctrl 键的同时，将鼠标指针移至标记处，当鼠标指针变为 ✂（剪刀）形状时，
单击即可删除标记。

6 让图层自动匹配合成图像尺寸

• 选中图层，选择"图层 > 变换 > 适合复合"命令，或按 Ctrl+Alt+F 组合键使图层尺寸
自动匹配图像尺寸，如果图层的长宽比与合成图像的长宽比不一致，将导致图层中的图像变
形，如图 3-15 所示。

• 选择"图层 > 变换 > 适合复合宽度"命令，或按 Ctrl+Alt+Shift+H 组合键使图层的宽
度与合成图像的宽度匹配，如图 3-16 所示。

• 选择"图层 > 变换 > 适合复合高度"命令，或按 Ctrl+Alt+Shift+G 组合键使图层的高
度与合成图像的高度匹配，如图 3-17 所示。

图 3-15

图 3-16

图 3-17

7 **对齐和分布图层**

图 3-18

选择"窗口 > 对齐"命令，弹出"对齐"面板，如图 3-18 所示。

在"时间轴"面板中同时选中前 4 个文本图层，方法为：选择第 1
个图层，在按住 Shift 键的同时选择第 4 个图层，如图 3-19 所示。

单击"对齐"面板中的"水平对齐"按钮，将所选中的图层水
平居中对齐；单击"垂直均匀分布"按钮，以"合成"面板中最上方的图层和最下方的图
层为基准，平均分布中间两个图层，达到垂直间距一致的效果，如图 3-20 所示。

图 3-19

图 3-20

3.1.3 任务实施

1 **输入文字**

（1）打开 After Effects CC 2019，按 Ctrl+N 组合键，弹出"合成设置"对话框，在"合
成名称"文本框中输入"最终效果"，其他设置如图 3-21 所示，单击"确定"按钮，创建
一个新的合成。选择"文件 > 导入 > 文件"命令，在弹出的"导入文件"对话框中选择云盘
中的"Ch03 > 制作文字飞入效果 >（Footage）> 01"文件，单击"导入"按钮，导入背景图片，
并将其拖曳到"时间轴"面板中。

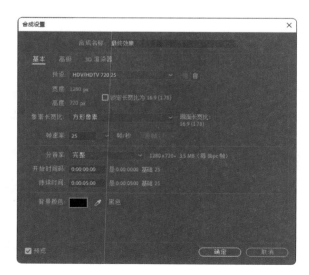

图 3-21

（2）选择"横排文字"工具 **T**，在"合成"面板中输入文字"3月12日 全民植树节"。在"字符"面板中设置"填充颜色"为黄绿色（其R、G、B的值分别为182、193、0），其他设置如图3-22所示。"合成"面板中的效果如图3-23所示。

图3-22

图3-23

（3）选中文字"3月12日"，在"字符"面板中设置相关参数，如图3-24所示。"合成"面板中的效果如图3-25所示。

图3-24

图3-25

（4）选中文本图层，单击"段落"面板中的"右对齐文本"按钮 ■，如图3-26所示。"合成"面板中的效果如图3-27所示。

图3-26

图3-27

2 **添加关键帧动画**

（1）展开"文本"图层中的"变换"属性组，设置"位置"属性的数值为911.0,282.0，如图 3-28 所示。"合成"面板中的效果如图 3-29 所示。

图 3-28

图 3-29

（2）单击"动画"右侧的"添加"按钮 ，在弹出的菜单中选择"锚点"命令，如图 3-30 所示。"时间轴"面板中会自动添加"动画制作工具 1"属性组，设置"锚点"属性的数值为 0.0,-30.0，如图 3-31 所示。

图 3-30

图 3-31

（3）按照上述方法添加"动画制作工具 2"属性组。单击"动画制作工具 2"右侧的"添加"按钮 ，在弹出的菜单中选择"选择器 > 摆动"命令，如图 3-32 所示，展开"摆动选择器 1"属性组，设置"摇摆/秒"属性的数值为 0.0，"关联"属性的数值为 73%，如图 3-33 所示。

图 3-32

图 3-33

（4）再次单击"添加"按钮 ，添加"位置""缩放""旋转""填充色相"属性，再设置各自的参数值，如图 3-34 所示。在"时间轴"面板中，将时间标签放置在 3s 的位置，分别单击这 4 个属性左侧的"关键帧自动记录器"按钮 ，如图 3-35 所示，记录第 1 个关键帧。

图 3-34　　　　　　　　　　　　　　　　　　图 3-35

（5）在"时间轴"面板中，将时间标签放置在 4s 的位置，设置"位置"属性的数值为 0.0,0.0，"缩放"属性的数值为 100.0,100.0%，"旋转"属性的数值为 0x+0.0°，"填充色相"属性的数值为 0x+0.0°，如图 3-36 所示，记录第 2 个关键帧。

（6）展开"摆动选择器 1"属性组，将时间标签放置在 0s 的位置，分别单击"时间相位"和"空间相位"属性左侧的"关键帧自动记录器"按钮 ，记录第 1 个关键帧。设置"时间相位"属性的数值为 2x+0.0°，"空间相位"属性的数值为 2x+0.0°，如图 3-37 所示。

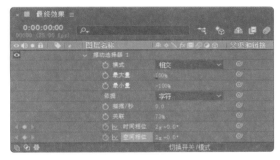

图 3-36　　　　　　　　　　　　　　　　　　图 3-37

（7）将时间标签放置在 1s 的位置，如图 3-38 所示。在"时间轴"面板中，设置"时间相位"属性的数值为 2x+200.0°，"空间相位"属性的数值为 2x+150.0°，如图 3-39 所示，记录第 2 个关键帧。将时间标签放置在 2s 的位置，设置"时间相位"属性的数值为 3x+160.0°，"空间相位"属性的数值为 3x+125.0°，如图 3-40 所示，记录第 3 个关键帧。将时间标签放置在 3s 的位置，设置"时间相位"属性的数值为 4x+150.0°，"空间相位"属性的数值为 4x+110.0°，如图 3-41 所示，记录第 4 个关键帧。

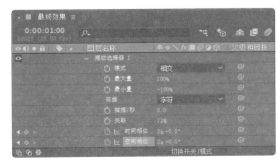

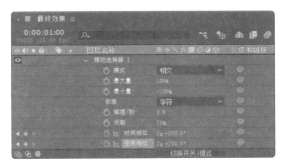

图 3-38　　　　　　　　　　　　　　　　　　图 3-39

图 3-40

图 3-41

3 添加立体效果

（1）选中文本图层，选择"效果 > 透视 > 斜面 Alpha"命令，在"效果控件"面板中设置相关参数，如图 3-42 所示。"合成"面板中的效果如图 3-43 所示。

图 3-42

图 3-43

（2）选择"效果 > 透视 > 投影"命令，在"效果控件"面板中设置相关参数，如图 3-44 所示。"合成"面板中的效果如图 3-45 所示。

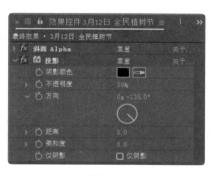

图 3-44

图 3-45

（3）在"时间轴"面板中单击"运动模糊"按钮，将其激活。单击文本图层右侧的"运动模糊"按钮，如图 3-46 所示。文字飞入效果制作完成，如图 3-47 所示。

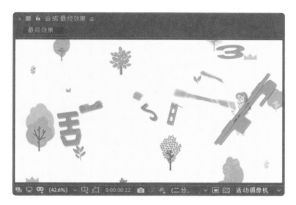

图 3-46

图 3-47

3.1.4 扩展实践：制作雪花效果

使用"CC 降雪"命令制作雪花效果。最终效果参看云盘中的"Ch03 > 制作雪花效果 > 制作雪花效果"，如图 3-48 所示。

图 3-48

微课

3.1.4 扩展实践

任务 3.2　制作飞机运动效果

微课

任务 3.2

3.2.1 任务引入

本任务要求读者首先了解图层的 5 个基本变换属性；然后通过图层的旋转和缩放等操作制作生动可爱的飞机运动效果。最终效果参看云盘中的"Ch03 > 制作飞机运动效果 > 制作飞机运动效果"，如图 3-49 所示。

3.2.2 任务知识：图层的 5 个基本变换属性

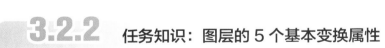

图 3-49

① 了解图层的 5 个基本变换属性

除了单独的音频图层，其他各类型的图层至少有 5 个基本变换属性，它们分别是锚点、位置、缩放、旋转和不透明度。可以单击"时间轴"面板中图层色彩标签左侧的小箭头按钮▶将属性组展开，单击"变换"左侧的小箭头按钮▶，展开"变换"属性组，如图 3-50 所示。

图 3-50

◎ "锚点"属性

无论一个图层有多大，当其移动、旋转和缩放时，都是以一个点为基准进行操作的，这个点就是锚点。

选择需要的图层，按 A 键，会显示其"锚点"属性，如图 3-51 所示。以锚点为基准，如图 3-52 所示，旋转操作如图 3-53 所示，缩放操作如图 3-54 所示。

图 3-51

图 3-52

图 3-53

图 3-54

◎ "位置"属性

选择需要的图层，按 P 键，会显示其"位置"属性，如图 3-55 所示。以锚点为基准，如图 3-56 所示；在图层的"位置"属性右侧的数字上按住鼠标左键拖曳鼠标指针（或单击并输入需要的数值），如图 3-57 所示；松开鼠标左键，效果如图 3-58 所示。

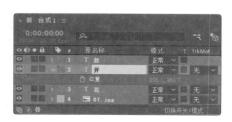

图 3-55

图 3-56

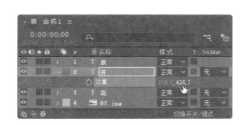

图 3-57

图 3-58

普通二维图层的"位置"属性由 x 轴向和 y 轴向 2 个参数组成；如果是三维图层，则由 x 轴向、y 轴向和 z 轴向 3 个参数组成。

 提示　　　在制作位置动画时，为了保持元素移动时的方向，可以选择"图层 > 变换 > 自动定向"命令，在弹出的"自动定向"对话框中选择"沿路径定向"选项。

◎　"缩放"属性

选择需要的图层，按 S 键，会显示其"缩放"属性，如图 3-59 所示。以锚点为基准，如图 3-60 所示；在图层的"缩放"属性右侧的数字上按住鼠标左键拖曳鼠标指针（或单击并输入需要的数值），如图 3-61 所示；松开鼠标左键，效果如图 3-62 所示。

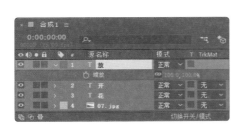

图 3-59

图 3-60

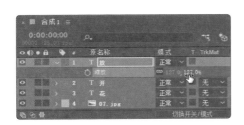

图 3-61

图 3-62

普通二维图层的"缩放"属性由 x 轴向和 y 轴向 2 个参数组成；如果是三维图层，则由 x 轴向、y 轴向和 z 轴向 3 个参数组成。

◎ "旋转"属性

选择需要的图层，按 R 键，会显示其"旋转"属性，如图 3-63 所示。以锚点为基准，如图 3-64 所示；在图层的"旋转"属性右侧的数字上按住鼠标左键拖曳鼠标指针（或单击并输入需要的数值），如图 3-65 所示；松开鼠标左键，效果如图 3-66 所示。普通二维图层的"旋转"属性由圈数和度数 2 个参数组成，如"1x+180.0°"。

图 3-63

图 3-64

图 3-65

图 3-66

三维图层的"旋转"属性将增加为 4 个："方向"可以同时设定 x、y、z 3 个方向，"X 轴旋转"仅调整 x 轴方向上的旋转，"Y 轴旋转"仅调整 y 轴方向上的旋转，"Z 轴旋转"仅调整 z 轴方向上的旋转，如图 3-67 所示。

图 3-67

◎ "不透明度"属性

选择需要的图层，按 T 键，会显示其"不透明度"属性，如图 3-68 所示。以锚点为基准，如图 3-69 所示；在图层的"不透明度"属性右侧的数字上按住鼠标左键拖曳鼠标指针（或单击并输入需要的数值），如图 3-70 所示；松开鼠标左键，效果如图 3-71 所示。

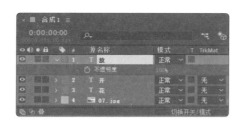

图 3-68

图 3-69

图 3-70

图 3-71

提示

　　可以在按住 Shift 键的同时按显示各属性的快捷键来组合显示属性。例如，只想看见图层的"位置"和"不透明度"属性，可以在选择图层之后，先按 P 键，然后再按 Shift+T 组合键，如图 3-72 所示。

图 3-72

2 利用"位置"属性制作位置动画

　　选择"文件 > 打开项目"命令，或按 Ctrl+O 组合键，在弹出的"打开"对话框中，选择云盘中的"基础素材 > Ch03 > 纸飞机 > 纸飞机"文件，单击"打开"按钮，打开此文件。

　　在"时间轴"面板中选中"02.png"图层，按 P 键，显示"位置"属性，确定当前时间标签处于 0s 的位置，调整"位置"属性的 x 值和 y 值分别为 94.0 和 632.0，如图 3-73 所示；或选择"选取"工具，在"合成"面板中将"纸飞机"图形移动到画面的左下方位置，如图 3-74 所示。单击"位置"属性左侧的"关键帧自动记录器"按钮，开始自动记录位置关键帧信息。

图 3-73　　　　　　　　　　　　　　　　　图 3-74

> **提示**　　　按 Alt+Shift+P 组合键也可以实现上述操作，此快捷方式可以实现在任意位置添加或删除"位置"属性关键帧。

移动时间标签到 4:24s 的位置，调整"位置"属性的 x 值和 y 值分别为 1164.0 和 98.0；或选择"选取"工具 ，在"合成"面板中将"纸飞机"图形移动到画面的右上方位置，在"时间轴"面板中的当前时间下，"位置"属性将自动添加一个关键帧，如图 3-75 所示。"合成"面板中将显示动画路径，如图 3-76 所示。按 0 键，预览动画。

图 3-75　　　　　　　　　　　　　　　　　图 3-76

◎ 手动调整"位置"属性

· 选择"选取"工具 ，直接在"合成"面板中拖动图层。

· 在"合成"面板中拖动图层时，按住 Shift 键，沿水平或垂直方向移动图层。

· 在"合成"面板中拖动图层时，按住 Alt+Shift 组合键，将使图层的边缘靠近合成图像边缘。

· 以 1 个像素点移动图层可以按上、下、左、右 4 个方向键实现，以 10 个像素点移动图层可以在按住 Shift 键的同时按上、下、左、右 4 个方向键实现。

◎ 使用数字方式调整"位置"属性

· 当鼠标指针呈现 形状时，在参数值上按住鼠标左键并左右拖动鼠标指针可以修改参数值。

· 单击参数值会出现输入框，可以在其中输入具体数值。该输入框也支持加减法运算，如可以输入 +20，表示在原来的轴向值上加上 20 像素，如图 3-77 所示；如果是减法运算，则输入 1184-20。

· 在属性标题或参数值上单击鼠标右键，在弹出的菜单中选择"编辑值"命令，或按 Ctrl+Shift+P 组合键，弹出"位置"对话框。用户在该对话框中可以调整具体参数值，并且可以选择调整所依据的尺寸单位，如像素、英寸、毫米、%（源百分比）、%（合成百分比），如图 3-78 所示。

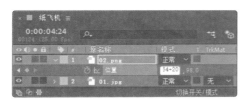
图 3-77

图 3-78

③ 加入缩放动画

在"时间轴"面板中选中"02.png"图层，在按 Shift 键的同时按 S 键，显示图层的"缩放"属性，如图 3-79 所示。

图 3-79

将时间标签放在 0s 的位置，在"时间轴"面板中单击"缩放"属性左侧的"关键帧自动记录器"按钮，开始记录缩放关键帧的信息，如图 3-80 所示。

图 3-80

提示　　按 Alt+Shift+S 组合键也可以实现上述操作，此快捷方式还可以在任意地方添加或删除"缩放"属性关键帧。

移动时间标签到 4:24s 的位置，将 x 轴向和 y 轴向的缩放值都调整为 130%，或者选择"选取"工具，在"合成"面板中拖曳层边框上的变换框进行缩放操作，如果按住 Shift 键进行缩放，则可以实现等比缩放，还可以观察"信息"面板和"时间轴"面板中的"缩放"属性，以了解表示具体缩放程度的数值，如图 3-81 所示。"时间轴"面板中当前时间的"缩放"属性会自动添加一个关键帧，如图 3-82 所示。按 0 键，预览动画。

图 3-81

图 3-82

◎ 手动调整"缩放"属性

• 选择"选取"工具，直接在"合成"面板中拖曳图层边框上的变换框进行缩放操作，如果按住 Shift 键，则可以实现等比例缩放。

• 可以在按住 Alt 键的同时，按 +（加号）键以 1% 递增缩放百分比，也可以在按住 Alt 键的同时，按 −（减号）键以 1% 递减缩放百分比；如果要以 10% 递增或者递减缩放百分比，只需要在按上述快捷键的同时再按 Shift 键即可，如按 Shift+Alt+ − 组合键。

◎ 使用数字方式调整"缩放"属性

• 当鼠标指针呈现形状时，在参数值上按住鼠标左键并左右拖动鼠标指针可以修改参数值。

• 单击参数值会出现输入框，可以在其中输入具体数值。该输入框也支持加减法运算。例如，可以输入 +3，表示在原有的值上加上 3%；如果是减法运算，则输入 130-3，如图 3-83 所示。

• 在属性标题或参数值上单击鼠标右键，在弹出的菜单中选择"编辑值"命令，在弹出的对话框中进行设置，如图 3-84 所示。

提示　　如果使"缩放"值变为负值，则可以实现图像的翻转效果。

图 3-83

图 3-84

④ **制作旋转动画**

在"时间轴"面板中选择"02.png"图层，在按住 Shift 键的同时按 R 键，显示图层的"旋转"属性，如图 3-85 所示。

图 3-85

将时间标签放置在 0s 的位置，单击"旋转"属性左侧的"关键帧自动记录器"按钮，开始记录旋转关键帧的信息。

 提示　　按 Alt+Shift+R 组合键也可以实现上述操作，此快捷方式还可以在任意地方添加或删除"旋转"属性关键帧。

移动时间标签到 4:24s 的位置，调整"旋转"属性的值为 0x+180.0°，旋转半圈，如图 3-86 所示；或者选择"旋转"工具，在"合成"面板中沿顺时针方向旋转图层，同时可以观察"信息"面板和"时间轴"面板中的"旋转"属性，以了解具体旋转圈数和度数，效果如图 3-87 所示。按 0 键，预览动画。

图 3-86

图 3-87

◎ 手动调整"旋转"属性

• 选择"旋转"工具，在"合成"面板中沿顺时针方向或者逆时针方向旋转图层，如果同时按住 Shift 键，将以 45° 为调整幅度。

• 可以按 +（加号）键以 1° 顺时针方向旋转图层，也可以按 -（减号）键以 1° 逆时针方向旋转图层；如果要以 10° 旋转调整图层，只需要在按上述快捷键的同时再按 Shift 键即可，如按 Shift+- 组合键。

◎ 使用数字方式调整"旋转"属性

• 当鼠标指针呈现 形状时，在参数值上按住鼠标左键并左右拖动鼠标指针可以修改参数值。

• 单击参数值会出现输入框，可以在其中输入具体数值。该输入框也支持加减法运算，例如，可以输入 +2，表示在原有的值上加上 2° 或 2 圈（取决于是在度数输入框还是圈数输入框中输入）；如果是减法运算，则输入 45-10。

• 在属性标题或参数值上单击鼠标右键，在弹出的菜单中选择"编辑值"命令，或按 Ctrl+Shift+R 组合键，在弹出的对话框中调整具体参数值，如图 3-88 所示。

图 3-88

5 了解"锚点"属性

在"时间轴"面板中选择"02.png"图层，在按住 Shift 键的同时按 A 键，显示"锚点"属性，如图 3-89 所示。

图 3-89

改变"锚点"属性的第一个值为 0，或者选择"向后平移（锚点）"工具 ，在"合成"面板中单击并移动锚点，同时观察"信息"面板和"时间轴"面板中的"锚点"属性，以了解具体的参数，如图 3-90 所示。按 0 键，预览动画。

图 3-90

提示　锚点的坐标是相对于图层的，而不是相对于合成图像的。

◎ 手动调整"锚点"属性

• 选择"向后平移（锚点）"工具 ，在"合成"面板中单击并移动轴心点。

• 在"时间轴"面板中双击图层，将图层在"合成"面板中打开，选择"选取"工具 或选择"向后平移（锚点）"工具，单击并移动轴心点，如图 3-91 所示。

◎ 使用数字方式调整"锚点"属性

• 当鼠标指针呈现 形状时，在参数值上按住鼠标左键并左右拖动鼠标指针可以修改参数值。

• 单击参数值会出现输入框，可以在其中输入具体数值。该输入框也支持加减法运算，例如，可以输入 +30，表示在原有的值上加上 30 像素；如果是减法运算，则输入 360-30。

• 在属性标题或参数值上单击鼠标右键，在弹出的菜单中选择"编辑值"命令，弹出"锚点"对话框，在对话框中调整具体参数值，如图 3-92 所示。

图 3-91

图 3-92

⑥ 添加不透明度动画

在"时间轴"面板中选择"02.png"图层，按 Shift+T 组合键，显示图层的"不透明度"属性，如图 3-93 所示。

图 3-93

提示　按 Alt+Shift+T 组合键也可以实现上述操作，使用该方式还可以在任意地方添加或删除"不透明度"属性关键帧。

　　将时间标签放置在 0s 的位置，将"不透明度"属性的值调整为 100%，使图层完全不透明。单击"不透明度"属性左侧的"关键帧自动记录器"按钮，开始记录不透明关键帧的信息。

　　移动时间标签到 4:24s 的位置，调整"不透明度"属性的值为 0%，使图层完全透明，注意观察"时间轴"面板，当前时间的"不透明度"属性会自动添加一个关键帧，如图 3-94 所示。按 0 键，预览动画。

图 3-94

◎ 使用数字方式调整"不透明度"属性

• 当鼠标指针呈现形状时，在参数值上按住鼠标左键并左右拖动鼠标指针可以修改参数值。

• 单击参数会出现输入框，可以在其中输入具体数值。该输入框也支持加减法运算，例如，可以输入 +20，表示在原有的值上增加 20%；如果是减法运算，则输入 100-20。

• 在属性标题或参数值上单击鼠标右键，在弹出的菜单中选择"编辑值"命令，或按 Ctrl+Shift+T 组合键，在弹出的对话框中调整具体参数值，如图 3-95 所示。

图 3-95

3.2.3　任务实施

　　（1）打开 After Effects CC 2019，按 Ctrl+N 组合键，弹出"合成设置"对话框，在"合成名称"文本框中输入"最终效果"，其他设置如图 3-96 所示，单击"确定"按钮，创建一个新的合成。选择"文件 > 导入 > 文件"命令，在弹出的"导入文件"对话框中，选择云盘中的"Ch03 > 制作飞机运动效果 > (Footage) > 01 ～ 03"文件，单击"导入"按钮，将图片导入"项目"面板中。

　　（2）在"项目"面板中选中"01""02"文件并将它们拖曳到"时间轴"面板中，如图 3-97 所示。

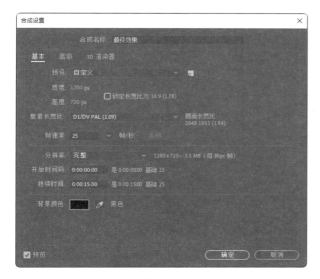

图 3-96

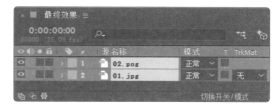

图 3-97

（3）选中"02.png"图层，按 S 键显示"缩放"属性，设置"缩放"属性的数值为 50.0,50.0%，如图 3-98 所示。"合成"面板中的效果如图 3-99 所示。

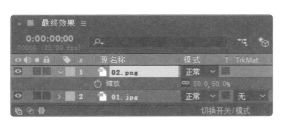

图 3-98

图 3-99

（4）保持时间标签在 0s 的位置，按 P 键显示"位置"属性，设置"位置"属性的数值为 1110.9,135.5，单击"位置"属性左侧的"关键帧自动记录器"按钮，如图 3-100 所示，记录第 1 个关键帧。"合成"面板中的效果如图 3-101 所示。

图 3-100

图 3-101

（5）将时间标签放置在 14:24s 的位置。在"时间轴"面板中设置"位置"属性的数值为 100.8,204.9，如图 3-102 所示，记录第 2 个关键帧。"合成"面板中的效果如图 3-103 所示。

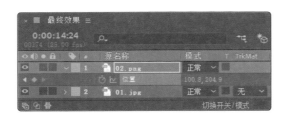

图 3-102

图 3-103

（6）将时间标签放置在 5s 的位置，如图 3-104 所示。选择"选取"工具，在"合成"面板中拖曳飞机到适当的位置，如图 3-105 所示，记录第 3 个关键帧。

图 3-104

图 3-105

（7）将时间标签放置在 10s 的位置，在"合成"面板中拖曳飞机到适当的位置，如图 3-106 所示，记录第 4 个关键帧。将时间标签放置在 12:17s 的位置，在"合成"面板中拖曳飞机到适当的位置，如图 3-107 所示，记录第 5 个关键帧。

图 3-106

图 3-107

（8）选中"02.png"图层，选择"效果 > 透视 > 投影"命令，在"效果控件"面板中将"阴影颜色"设为黄色（其 R、G、B 的值分别为 255、210、0），其他设置如图 3-108 所示。"合成"面板中的效果如图 3-109 所示。

（9）在"项目"面板中选中"03"文件并将其拖曳到"时间轴"面板中，如图 3-110 所示。按照上述方法制作"03.png"图层。飞机运动效果制作完成，如图 3-111 所示。

图 3-108

图 3-109

图 3-110

图 3-111

3.2.4 扩展实践：制作图像运动效果

使用"导入"命令导入素材，使用"位置"
属性制作波浪动画，使用"位置"属性、"缩放"
属性和"不透明度"属性制作最终效果。最终
效果参看云盘中的"Ch03 > 制作图像运动效果 >
制作图像运动效果"，如图 3-112 所示。

图 3-112

微课

3.2.4 扩展实践

任务 3.3 项目演练：制作圆圈运动效果

本任务要求使用"导入"命令导入素材，使用"位置"属性制作箭头运动动画，使用"旋
转"属性制作圆圈运动效果。最终效果参看云盘中的"Ch03 > 制作圆圈运动效果 > 制作圆
圈运动效果"，如图 3-113 所示。

图 3-113

微课

任务 3.3

项目4

掌握蒙版应用
——制作蒙版动画

04

本项目主要讲解蒙版的功能，其中包括使用蒙版设计图形、调整蒙版图形、蒙版的变换、应用多个蒙版、编辑蒙版的多种方式等。通过本项目的学习，读者可以掌握蒙版的使用方法和应用技巧，并可以通过蒙版功能制作出绚丽的视频效果。

学习引导

知识目标

- 了解蒙版的概念

能力目标

- 熟练掌握蒙版的设置和使用方法
- 掌握蒙版的基本操作方法

素养目标

- 培养在视频中应用蒙版的意识

实训项目

- 制作粒子文字效果
- 制作图片破碎效果

任务 4.1 制作粒子文字效果

4.1.1 任务引入

本任务要求读者首先了解如何使用蒙版设计图形，如何调整蒙版图形等蒙版的基本操作；然后通过制作粒子、蒙版形状等制作出酷炫多变、精彩纷呈的粒子文字效果。最终效果参看云盘中的"Ch04 > 制作粒子文字效果 > 制作粒子文字效果"，如图 4-1 所示。

图 4-1

4.1.2 任务知识：使用蒙版设计图形、调整蒙版图形

1 初步了解蒙版

蒙版其实就是由一个封闭的贝塞尔曲线构成的路径轮廓，轮廓内或轮廓外的区域就是抠像的依据，如图 4-2 所示。

提示　虽然蒙版是由路径组成的，但千万不要误认为路径只是用来创建蒙版的，它还可以用在处理勾边效果、制作动画效果等方面。

图 4-2

2 使用蒙版设计图形

在"项目"面板中单击鼠标右键，在弹出的菜单中选择"新建合成"命令，弹出"合成设置"对话框，在"合成名称"文本框中输入"蒙版"，其他设置如图 4-3 所示，设置完成后，单击"确定"按钮。

在"项目"面板中双击，在弹出的"导入文件"对话框中选择云盘中的"基础素材 > Ch04"中的"02"～"05"文件，单击"导入"按钮，将文件导入"项目"面板中，如图 4-4 所示。

在"项目"面板中保持文件处于选中状态，将其拖曳到"时间轴"面板中，单击"05.jpg"图层和"04.jpg"图层左侧的◉按钮，将其隐藏，如图 4-5 所示。选中"03.jpg"图层，选择"椭圆"工具◉，在"合成"面板中拖曳以绘制一个圆形蒙版，效果如图 4-6 所示。

选中"04.jpg"图层，并单击此图层左侧的方框，显示该图层，如图 4-7 所示。选择"星形"工具★，在"合成"面板中拖曳以绘制一个星形蒙版，效果如图 4-8 所示。

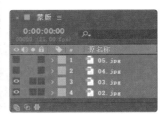

图 4-3   图 4-4   图 4-5

图 4-6   图 4-7

选中"05.jpg"图层，并单击此图层左侧的方框，显示该图层，如图 4-9 所示。选择"钢笔"工具，在"合成"面板中进行绘制，效果如图 4-10 所示。

图 4-8   图 4-9   图 4-10

③ 调整蒙版图形

选择"钢笔"工具，在"合成"面板中绘制蒙版图形，如图 4-11 所示。选择"转换'顶点'"工具，单击一个节点，该节点处的线段将出现一个折角；在节点处拖曳鼠标指针可以调出调节手柄，拖动调节手柄，可以调整线段的弧度，如图 4-12 所示。

使用"添加'顶点'"工具 和"删除'顶点'"工具 添加或删除节点。选择"添加'顶点'"工具 ，将鼠标指针移动到需要添加节点的线段上单击，则该线段上会添加一个节点，如图 4-13 所示；选择"删除'顶点'"工具 ，单击任意节点即可将其删除，如图 4-14 所示。

图 4-11

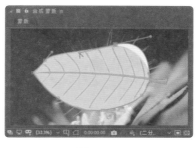

图 4-12

图 4-13

使用"蒙版羽化"工具 可以对蒙版进行羽化。选择"蒙版羽化"工具 ，将鼠标指针移动到该线段上，鼠标指针变为 形状时，如图 4-15 所示，单击可以添加一个控制点。拖曳控制点可以对蒙版进行羽化，如图 4-16 所示。

图 4-14

图 4-15

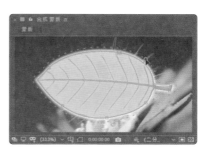

图 4-16

4 蒙版的变换

选择"选取"工具 ，在蒙版边线上双击，会创建一个蒙版控制框，将鼠标指针移动到控制框的右上角，鼠标指针变为 形状时，拖动鼠标指针可以对整个蒙版图形进行旋转，如图 4-17 所示；将鼠标指针移动到边线中心点的位置，鼠标指针变为 形状时，拖动鼠标指针，可以调整蒙版的宽或高，如图 4-18 所示。

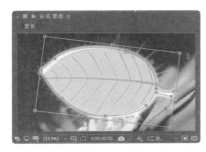

图 4-17

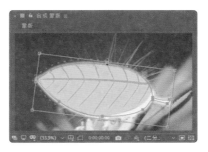

图 4-18

4.1.3　任务实施

1　输入文字并制作粒子

（1）打开 After Effects CC 2019，按 Ctrl+N 组合键，弹出"合成设置"对话框，在"合成名称"文本框中输入"文字"，其他设置如图 4-19 所示，单击"确定"按钮，创建一个新的合成。

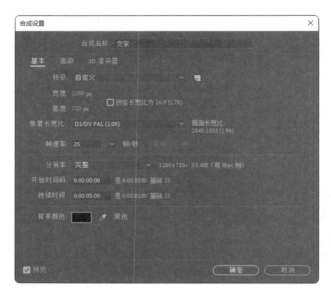

图 4-19

（2）选择"横排文字"工具 ■，在"合成"面板中输入"小马驹滑雪场"，选中文字，在"字符"面板中设置"填充颜色"为白色，其他设置如图 4-20 所示。"合成"面板中的效果如图 4-21 所示。

图 4-20

图 4-21

（3）创建一个新的合成并命名为"最终效果"，如图 4-22 所示。选择"文件 > 导入 > 文件"命令，弹出"导入文件"对话框，选择云盘中的"Ch04 > 制作粒子文字效果 > (Footage) > 01"文件，单击"导入"按钮，导入"01"文件，并将其拖曳到"时间轴"面板中。

（4）选中"01.mp4"图层，按 S 键显示"缩放"属性，设置"缩放"属性的数值为 74.0,74.0%，如图 4-23 所示。

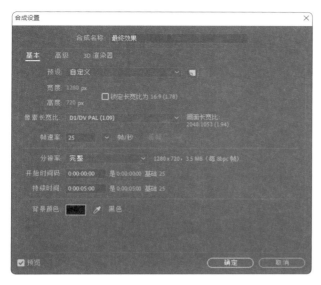

图 4-22   图 4-23

（5）在"项目"面板中选中"文字"图层并将其拖曳到"时间轴"面板中，单击"文字"图层左侧的 按钮，隐藏该图层，如图 4-24 所示。单击"文字"图层右侧的"3D 图层"按钮 ，打开三维属性，如图 4-25 所示。

图 4-24   图 4-25

（6）在当前合成中新建一个黑色图层"粒子1"。选中"粒子1"图层，选择"效果 > Trapcode > Particular"命令，展开"发射器"属性组，在"效果控件"面板中设置参数，如图 4-26 所示。展开"粒子"属性组，在"效果控件"面板中设置参数，如图 4-27 所示。

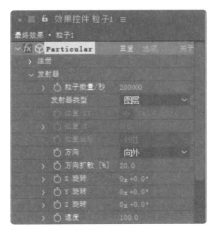   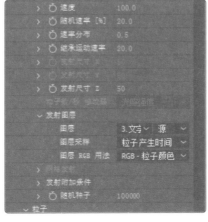   

图 4-26   图 4-27

（7）展开"物理学"属性组中的"气"属性组，在"效果控件"面板中设置参数，如

图 4-28 所示。展开"气"属性组中的"扰乱场"属性组，在"效果控件"面板中设置参数，如图 4-29 所示。

（8）展开"渲染"属性组中的"运动模糊"属性组，单击"运动模糊"右侧的下拉按钮，在弹出的下拉列表中选择"开"选项，如图 4-30 所示。设置完成后，"时间轴"面板中将自动生成一个灯光层，如图 4-31 所示。

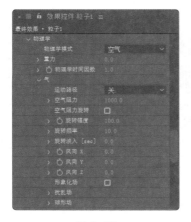
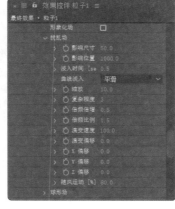
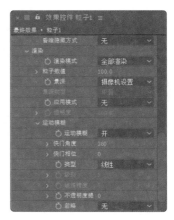

图 4-28   图 4-29   图 4-30

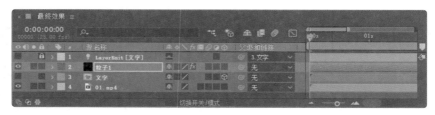

图 4-31

（9）选中"粒子 1"图层，将时间标签放置在 0s 的位置。在"效果控件"面板中分别单击"发射器"属性组中的"粒子数量/秒"，"物理学/气"属性组中的"旋转幅度"，以及"扰乱场"属性组中的"影响尺寸"和"影响位置"属性左侧的"关键帧自动记录器"按钮 ，记录第 1 个关键帧。按 U 键，展开该图层的所有关键帧，如图 4-32 所示。

（10）在"时间轴"面板中，将时间标签放置在 1s 的位置。设置"粒子数量/秒"属性的数值为 0，"旋转幅度"属性的数值为 50.0，"影响尺寸"属性的数值为 20.0，"影响位置"属性的数值为 500.0，如图 4-33 所示，记录第 2 个关键帧。

图 4-32   图 4-33

（11）将时间标签放置在3s的位置。在"时间轴"面板中设置"旋转幅度"属性的数值为30.0，"影响尺寸"属性的数值为5.0，"影响位置"属性的数值为5.0，如图4-34所示，记录第3个关键帧。

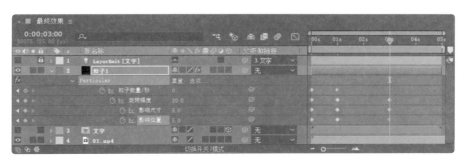

图4-34

2 制作形状蒙版

（1）在"项目"面板中选中"文字"合成并将其拖曳到"时间轴"面板中，将时间标签放置在2s的位置，按[键设置动画的入点，如图4-35所示。在"时间轴"面板中选中"文字"图层，选择"矩形"工具▣，在"合成"面板中拖曳鼠标指针绘制一个矩形蒙版，如图4-36所示。

图4-35

图4-36

（2）选中"文字"图层，按M键两次展开"蒙版1"属性组。单击"蒙版路径"属性左侧的"关键帧自动记录器"按钮⏱，如图4-37所示，记录第1个"蒙版路径"关键帧。将时间标签放置在4s的位置。选择"选取"工具▶，在"合成"面板中同时选中蒙版形状右侧的两个控制点，将控制点向右拖曳到图4-38所示的位置，在4s的位置再次记录一个关键帧。

图4-37

图4-38

（3）在当前合成中新建一个黑色图层"粒子2"。选中"粒子2"图层，选择"效果 > Trapcode > Particular"命令，展开"发射器"属性组，在"效果控件"面板中设置参数，如图4-39所示。展开"粒子"属性组，在"效果控件"面板中设置参数，如图4-40所示。

（4）展开"物理学"属性组，设置"重力"属性的数值为-100.0，展开"气"属性组，在"效果控件"面板中设置参数，如图4-41所示。

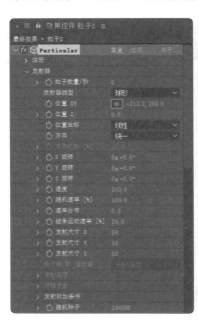
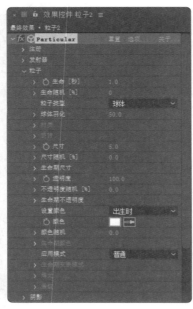

图4-39   图4-40   图4-41

（5）展开"扰乱场"属性组，在"效果控件"面板中设置参数，如图4-42所示。展开"渲染"属性组中的"运动模糊"属性组，单击"运动模糊"右侧的下拉按钮，在弹出的下拉列表中选择"开"选项，如图4-43所示。

图4-42   图4-43

（6）在"时间轴"面板中，将时间标签放置在0s的位置，分别单击"发射器"属性组中的"粒子数量/秒"和"位置 XY"属性左侧的"关键帧自动记录器"按钮，记录第 1 个关键帧，如图 4-44 所示。在"时间轴"面板中，将时间标签放置在 2s 的位置，设置"粒子数量/秒"属性的数值为 5000，"位置 XY"属性的数值为 213.3,350.0，如图 4-45 所示，记录第 2 个关键帧。

图 4-44

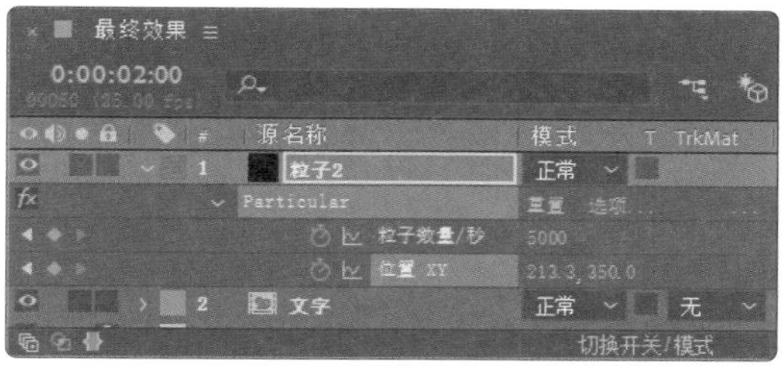

图 4-45

（7）在"时间轴"面板中，将时间标签放置在 3s 的位置，设置"粒子数量/秒"属性的数值为 0，"位置 XY"属性的数值为 1066.7,350.0，如图 4-46 所示，记录第 3 个关键帧。

图 4-46

（8）粒子文字制作完成，如图 4-47 所示。

图 4-47

微课

4.1.4 扩展实践

4.1.4 扩展实践：制作动感相册效果

使用"导入"命令导入素材，使用"矩形"工具和"椭圆"工具制作蒙版，使用关键帧制作蒙版动画效果。最终效果参看云盘中的"Ch04 > 制作动感相册效果 > 制作动感相册效果"，如图 4-48 所示。

图 4-48

任务 4.2　制作图片破碎效果

微课

任务 4.2

4.2.1　任务引入

本任务要求读者首先了解如何用蒙版制作动画；然后通过使用"渐变"命令、"矩形"工具、"碎片"命令等制作图片破碎效果。最终效果参看云盘中的"Ch04 > 制作图片破碎效果 > 制作图片破碎效果"，如图4-49所示。

图 4-49

4.2.2　任务知识：用蒙版制作动画

① 编辑蒙版的多种方式

工具栏中除了有多种创建蒙版的工具，还有多种编辑蒙版的工具，具体如下。

• "选取"工具▶：使用此工具可以在"合成"面板或者"图层"面板中选择和移动路径点或者整个路径。

• "添加'顶点'"工具：使用此工具可以增加路径上的节点。

• "删除'顶点'"工具：使用此工具可以减少路径上的节点。

• "转换'顶点'"工具：使用此工具可以改变路径的曲率。

• "蒙版羽化"工具：使用此工具可以改变蒙版边缘的柔化效果。

提示　　由于在"合成"面板中可以看到很多图层，所以在其中调整蒙版很有可能会遇到干扰，不方便操作。建议先双击目标图层，然后在"图层"面板中对蒙版进行各种操作。

◎ 点的选择和移动

选择"选取"工具▶，选中目标图层，然后直接单击路径上的节点，可以通过拖曳鼠标指针或按方向键来实现移动；如果要取消选择，只需要在空白处单击即可。

◎ 线的选择和移动

选择"选取"工具▶，选中目标图层，然后直接单击路径上两个节点之间的线，可以通过拖曳鼠标指针或按方向键来实现移动；如果要取消选择，只需要在空白处单击即可。

◎ 多个点或者多条线的选择、移动、旋转和缩放

选择"选取"工具▶，选中目标图层，首先单击路径上的第一个点或第一条线，然后在

按住 Shift 键的同时单击其他的点或者线，实现同时选择的目的。也可以用框选的方法进行多点、多线的选择，或者全部选择。

同时选中这些点或者线之后，在被选中的对象上双击就可以生成一个控制框。此时，可以非常方便地进行移动、旋转或者缩放等操作，如图 4-50 ～图 4-52 所示。

图 4-50

图 4-51

图 4-52

全选路径的快捷方法如下。

- 通过框选的方法将路径全部选取，但是不会出现控制框，如图 4-53 所示。
- 在按住 Alt 键的同时单击路径，可完成路径的全选，但是同样不会出现控制框。
- 在没有选择多个节点的情况下，在路径上双击，可全选路径，并会出现一个控制框。
- 在"时间轴"面板中选中有蒙版的图层，按 M 键，展开"蒙版路径"属性组，单击该属性组的名称或蒙版名称可全选路径，不会出现控制框，如图 4-54 所示。

图 4-53

图 4-54

提示　　将节点全部选中后，选择"图层 > 蒙版和形状路径 > 自由变换点"命令，或按 Ctrl+T 组合键会出现控制框。

◎ 蒙版图层顺序的调整

当一个图层中含有多个蒙版时，它们之间就存在上下层的关系，此关系与蒙版混合模式的选择有关，因为 After Effects 处理多个蒙版的先后次序是从上至下的，所以蒙版图层的顺序将直接影响最终的混合效果。

在"时间轴"面板中直接选中某个蒙版，然后上下拖曳该蒙版即可改变其顺序，如

图 4-55 所示。

图 4-55

在"合成"面板或者"图层"面板中可以选中一个蒙版，然后选择以下菜单命令，调整蒙版顺序。

选择"图层 > 排列 > 将蒙版置于顶层"命令，或按 Ctrl+Shift+] 组合键，将选中的蒙版放置到顶层。

选择"图层 > 排列 > 将蒙版前移一层"命令，或按 Ctrl+] 组合键，将选中的蒙版往上移动一层。

选择"图层 > 排列 > 将蒙版后移一层"命令，或按 Ctrl + [组合键，将选中的蒙版往下移动一层。

选择"图层 > 排列 > 将蒙版置于底层"命令，或按 Ctrl+ Shift+ [组合键，将选中的蒙版放置到底层。

2 在"时间轴"面板中调整蒙版的属性

蒙版不是一个简单的轮廓，在"时间轴"面板中可以对蒙版的其他属性进行详细设置。

单击图层色彩标签左侧的小箭头按钮，展开图层的属性，如果图层中含有蒙版，就可以看到蒙版名称，单击蒙版名称左侧的小箭头按钮，即可展开各个蒙版路径，单击其中任意一个蒙版名称左侧的小箭头按钮，即可展开此蒙版的属性，如图 4-56 所示。

图 4-56

提示

选中某图层，连续按两次 M 键，可展开此图层中蒙版的所有属性。

◎ 设置蒙版的颜色

· 设置蒙版的颜色：单击"蒙版颜色"按钮█，弹出"颜色"对话框，选择合适的颜色，以便进行区分。

· 设置蒙版的名称：选中蒙版后，按 Enter 键将出现输入框，修改完成后再次按 Enter 键即可。

· 设置蒙版的混合模式：当本图层中含有多个蒙版时，可以为蒙版选择各种混合模式，需要注意的是，多个蒙版的顺序对混合模式产生的最终效果有很大影响。

· 无：选择此模式后，路径将仅作为路径存在，如作为勾边、光线或者路径动画的依据，如图 4-57 和图 4-58 所示。

· 相加：蒙版相加模式，将当前蒙版区域与其上层的蒙版区域进行相加处理，对于蒙版重叠处的不透明度，则采取在非重叠不透明度的基础上以相加的方式处理。例如，某蒙版起作用前，蒙版重叠区域内画面的不透明度为 50%，如果当前蒙版的不透明度是 50%，则运算后得出的蒙版重叠区域内画面的不透明度是 70%，如图 4-59 和图 4-60 所示。

图 4-57

图 4-58

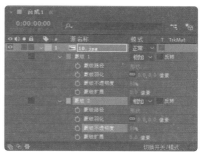

图 4-59

· 相减：蒙版相减模式，将当前蒙版中所有蒙版组合的结果相减，当前蒙版区域中的内容不显示，如果同时调整蒙版的不透明度，则不透明度的值越大，蒙版重叠区域内越透明，因为相减混合完全起作用；不透明度的值越小，蒙版重叠区域内越不透明，相减混合的作用越弱，如图 4-61 和图 4-62 所示。例如，某蒙版起作用前，蒙版重叠区域内画面的不透明度为 80%，如设置当前蒙版的不透明度为 50%，则运算后得出的蒙版重叠区域内画面的不透明度为 40%，如图 4-63 和图 4-64 所示。

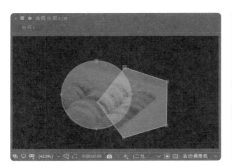

图 4-60

图 4-61

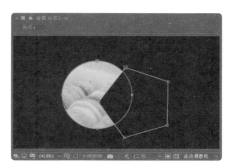

图 4-62

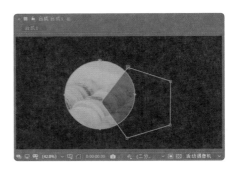

图 4-63　　　　　　　　　　　　　　　图 4-64

· 交集：只显示当前蒙版与其上层所有蒙版组合后的相交部分，相交区域内的不透明度是在上层蒙版不透明度的基础上再进行一次百分比运算，如图 4-65 和图 4-66 所示。例如，某蒙版起作用前，蒙版重叠区域内画面的不透明度为 60%，如果设置当前蒙版的不透明度为 50%，则运算后得出的重叠区域内画面的不透明度为 30%，如图 4-67 和图 4-68 所示。

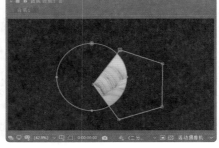
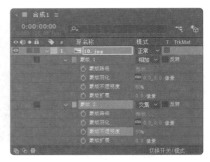

图 4-65　　　　　　　　　图 4-66　　　　　　　　　图 4-67

· 变亮：对可视区域来讲，此模式与"相加"模式一样，但是在蒙版重叠处的不透明度，则采用较高的那个值。例如，某蒙版起作用前，蒙版的重叠区域内画面的不透明度为 60%，如果当前蒙版的不透明度为 80%，则运算后得出的蒙版重叠区域内画面的不透明度为 80%，如图 4-69 和图 4-70 所示。

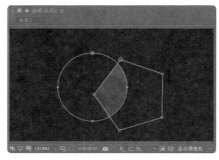

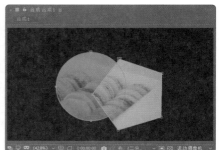

图 4-68　　　　　　　　　图 4-69　　　　　　　　　图 4-70

· 变暗：对可视区域来讲，此模式与"相减"模式一样，但是在模版重叠处的不透明度，则采用较低的那个值。例如，某蒙版起作用前，重叠区域内画面的不透明度是 40%，如果当前蒙版的不透明度为 100%，则运算后得出的蒙版重叠区域内画面的不透明度为 40%，如

图 4-71 和图 4-72 所示。

• 差值：此模式对可视区域采取的是并集减交集的方式，也就是说，先将当前蒙版与其上层所有蒙版组合的结果进行并集运算，然后将当前蒙版与上层所有蒙版组合的结果相交部分进行相减；对于不透明度，当前蒙版与上层蒙版组合的结果未相交部分采取当前蒙版的不透明度，相交部分采用两者之间的差值，如图 4-73 和图 4-74 所示。例如，某蒙版起作用前，重叠区域内画面的不透明度为 40%，如果当前蒙版的不透明度为 60%，则运算后得出的蒙版重叠区域内画面的不透明度为 20%。当前蒙版未重叠区域内的不透明度为 60%，如图 4-75 和图 4-76 所示。

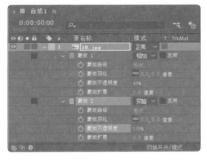

图 4-71

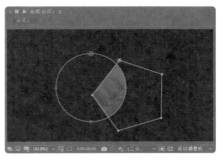

图 4-72

图 4-73

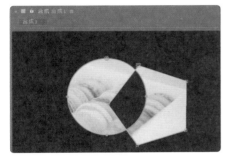

图 4-74

图 4-75

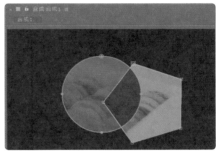

图 4-76

• 反转：将蒙版进行反向处理。图 4-77 所示为未激活反转时的效果，图 4-78 所示为激活反转时的效果。

图 4-77

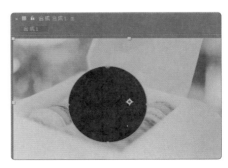

图 4-78

◎ 设置蒙版动画的属性

在此可以设置关键帧动画的蒙版属性。

• 蒙版路径：设置蒙版形状，单击右侧的"形状"按钮，将弹出"蒙版形状"对话框；选择"图层 > 蒙版 > 蒙版形状"命令也可打开该对话框。

• 蒙版羽化：控制蒙版羽化，可以通过羽化蒙版得到自然的融合效果，并且 x 轴和 y 轴上可以有不同的羽化程度。单击 按钮，可以将两个轴锁定或解锁，如图 4-79 所示。

• 蒙版不透明度：调整蒙版的不透明度，如图 4-80 和图 4-81 所示。

• 蒙版扩展：调整蒙版的扩展程度，正值表示扩展蒙版区域，负值表示收缩蒙版区域，如图 4-82 和图 4-83 所示。

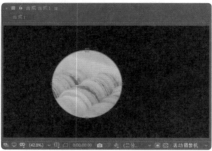
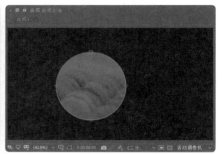

不透明度为 100% 时的情况   不透明度为 50% 时的情况

图 4-79   图 4-80   图 4-81

蒙版扩展设置为 40 时的情况   蒙版扩展设置为 -40 时的情况

图 4-82   图 4-83

3 用蒙版制作动画

在"时间轴"面板中选择图层，选择"工具"面板中的"椭圆"工具 ，在"合成"面板中，拖曳鼠标指针绘制一个圆形蒙版，如图 4-84 所示。

在"工具"面板中选择"添加'顶点'"工具 ，在刚绘制的圆形蒙版上添加 4 个节点，如图 4-85 所示。

选择"选取"工具 ，以框选的形式选择新添加的节点，如图 4-86 所示，在按住 Shift 键的同时，框选其他新添加的节点。选择"图层 > 蒙版和形状路径 > 自由变换点"命令，出现控制框，如图 4-87 所示。

图 4-84

图 4-85

图 4-86

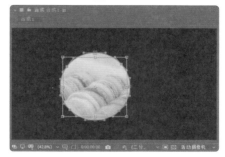

图 4-87

在按住 Ctrl+Shift 组合键的同时，将右上角的控制点向左下方拖曳，效果如图 4-88 所示。

调整完成后，按 Enter 键。在"时间轴"面板中，选中蒙版，按两次 M 键，展开蒙版的所有属性，单击"蒙版路径"属性左侧的"关键帧自动记录器"按钮，生成第 1 个关键帧，如图 4-89 所示。

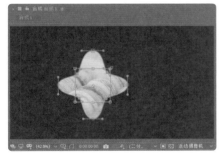

图 4-88

图 4-89

将当前时间标签移动到 3s 的位置，选择最外侧的 4 个节点，如图 4-90 所示，按 Ctrl+T 组合键，出现控制框，在按住 Ctrl+Shift 组合键的同时，将左上角的控制点向左下方拖曳，效果如图 4-91 所示。

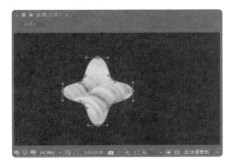

图 4-90

图 4-91

调整完成后，按 Enter 键。此时在"时间轴"面板中，"蒙版路径"属性自动生成第 2 个关键帧，如图 4-92 所示。

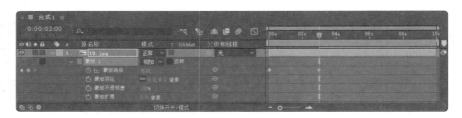

图 4-92

选择"效果 > 生成 > 描边"命令，在"效果控件"面板中进行设置，为蒙版路径添加描边效果，如图 4-93 所示。

选择"效果 > 风格化 > 发光"命令，在"效果控件"面板中进行设置，为蒙版路径添加发光效果，如图 4-94 所示。

图 4-93

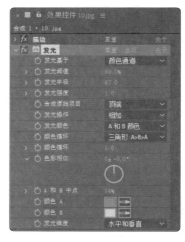

图 4-94

按 0 键，预览蒙版动画，按任意键结束预览。

在"时间轴"面板中单击"蒙版路径"属性名称，同时选中两个关键帧，如图 4-95 所示。

图 4-95

选择"窗口 > 蒙版插值"命令，弹出"蒙版插值"面板，在面板中进行设置，如图 4-96 所示。

单击"应用"按钮应用设置，按 0 键，预览优化后的蒙版动画。

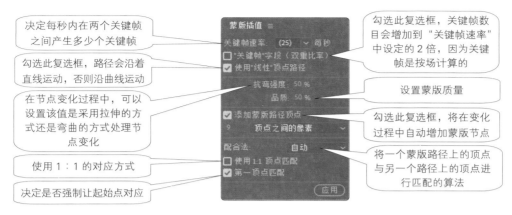

决定每秒内在两个关键帧之间产生多少个关键帧

勾选此复选框，路径会沿着直线运动，否则沿曲线运动

在节点变化过程中，可以设置该值是采用拉伸的方式还是弯曲的方式处理节点变化

使用 1：1 的对应方式

决定是否强制让起始点对应

勾选此复选框，关键帧数目会增加到"关键帧速率"中设定的 2 倍，因为关键帧是按场计算的

设置蒙版质量

勾选此复选框，将在变化过程中自动增加蒙版节点

将一个蒙版路径上的顶点与另一个路径上的顶点进行匹配的算法

图 4-96

4.2.3 任务实施

（1）打开 After Effects CC 2019，按 Ctrl+N 组合键，弹出"合成设置"对话框，在"合成名称"文本框中输入"渐变条"，其他设置如图 4-97 所示，单击"确定"按钮，创建一个新的合成。选择"图层 > 新建 > 纯色"命令，弹出"纯色设置"对话框，在"名称"文本框中输入"渐变条"，将颜色设置为黑色，单击"确定"按钮，在"时间轴"面板中新增一个黑色图层，如图 4-98 所示。

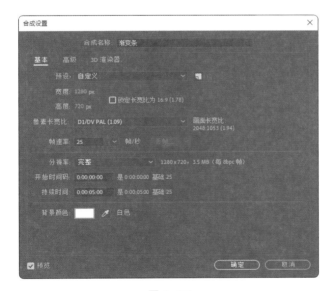

图 4-97

图 4-98

（2）选中"渐变条"图层，选择"效果 > 生成 > 梯度渐变"命令，在"效果控件"面板中设置"起始颜色"为黑色，"结束颜色"为白色，其他设置如图 4-99 所示，设置完成后，"合成"面板中的效果如图 4-100 所示。

（3）选择"矩形"工具 ，在"合成"面板中拖曳鼠标指针绘制一个矩形蒙版，如图 4-101 所示。按 Ctrl+N 组合键，弹出"合成设置"对话框，在"合成名称"文本框中输入"噪波"，单击"确定"按钮，创建一个新的合成。选择"图层 > 新建 > 纯色"命令，弹出"纯色设置"对话框，在"名称"文本框中输入"噪波"，将颜色设置为黑色，单击"确定"按钮，在"时间轴"面板中新增一个黑色图层，如图 4-102 所示。

图 4-99

图 4-100

图 4-101

图 4-102

（4）选中"噪波"图层，选择"效果 > 杂色和颗粒 > 杂色"命令，在"效果控件"面板中设置参数，如图 4-103 所示。"合成"面板中的效果如图 4-104 所示。

图 4-103

图 4-104

（5）按 Ctrl+N 组合键，弹出"合成设置"对话框，在"合成名称"文本框中输入"图片"，单击"确定"按钮，创建一个新的合成。选择"文件 > 导入 > 文件"命令，在弹出的"导入文件"对话框中选择云盘中的"Ch04 > 制作图片破碎效果 >（Footage）> 01"文件，单击"导入"按钮，导入文件，并将其拖曳到"时间轴"面板中。

（6）选中"01.jpg"图层，按 S 键显示"缩放"属性，设置"缩放"属性的数值为110.0,110.0%，如图 4-105 所示。"合成"面板中的效果如图 4-106 所示。

图 4-105　　　　　　　　　　　　　　　图 4-106

（7）按 Ctrl+N 组合键，弹出"合成设置"对话框，在"合成名称"文本框中输入"最终效果"，单击"确定"按钮，创建一个新的合成。在"项目"面板中选中"渐变条""噪波""图片"合成并将其拖曳到"时间轴"面板中，图层的排列顺序如图 4-107 所示。单击"渐变条"和"噪波"图层左侧的 ◎ 按钮，隐藏"渐变条"和"噪波"两图层，如图 4-108 所示。

图 4-107　　　　　　　　　　　　　　　图 4-108

（8）选中"图片"图层，选择"效果 > 模拟 > 碎片"命令，在"效果控件"面板中将"视图"改为"已渲染"模式，展开"形状""作用力 1"属性组，在"效果控件"面板中进行参数设置，如图 4-109 所示。"合成"面板中的效果如图 4-110 所示。

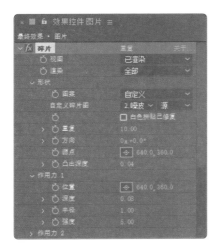

图 4-109　　　　　　　　　　　　　　　图 4-110

（9）展开"渐变""物理学""摄像机位置"属性组，在"效果控件"面板中进行设置，如图 4-111 所示。"合成"面板中的效果如图 4-112 所示。

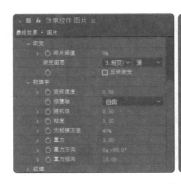  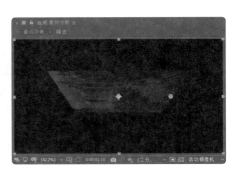

图 4-111　　　　　　　　　　　　　　　　　　　　图 4-112

（10）将时间标签放置在 0s 的位置，在"效果控件"面板中分别单击"渐变"属性组中的"碎片阈值""物理学"属性组中的"重力""摄像机位置"属性组中的"X 轴旋转""Y 轴旋转""Z 轴旋转""焦距"属性组中的"关键帧自动记录器"按钮🕓，如图 4-113 和图 4-114 所示，记录第 1 个关键帧。

（11）将时间标签放置在 3:10s 的位置，在"效果控件"面板中设置"碎片阈值"属性的数值为 100%，"重力"属性的数值为 2.70，如图 4-115 所示；设置"X 轴旋转"属性的数值为 0x-60.0°，"Y 轴旋转"属性的数值为 0x-45.0°，"Z 轴旋转"属性的数值为 0x+15.0°，"焦距"属性的数值为 100.00，如图 4-116 所示，记录第 2 个关键帧。

图 4-113　　　　　　　　　　　图 4-114　　　　　　　　　　　图 4-115

（12）将时间标签放置在 4:24s 的位置，在"效果控件"面板中设置"重力"属性的数值为 100.00，如图 4-117 所示，记录第 3 个关键帧。图片破碎效果制作完成，如图 4-118 所示。

 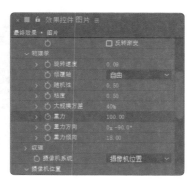 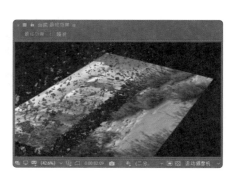

图 4-116　　　　　　　　　　　图 4-117　　　　　　　　　　　图 4-118

4.2.4 扩展实践：制作调色效果

使用"色阶"命令调整图像的亮度，使用"定向模糊"命令调整图像的模糊度，使用"钢笔"工具添加蒙版效果，使用"模式"选项设置图层的混合模式。最终效果参看云盘中的"Ch04 > 制作调色效果 > 制作调色效果"，如图 4-119 所示。

图 4-119

微课

4.2.4 扩展实践

任务 4.3　项目演练：制作切换动画效果

本任务要求使用"导入"命令导入素材；使用"钢笔"工具绘制图形；使用"椭圆"工具创建蒙版动画；使用"向后平移（锚点）工具"按钮调整锚点的位置。最终效果参看云盘中的"Ch04 > 制作切换动画效果 > 制作切换动画效果"，如图 4-120 所示。

图 4-120

微课

任务 4.3

项目5

掌握时间轴应用
——设置时间轴

05

应用"时间轴"面板制作效果是After Effects中的重要操作，本项目将详细讲解时间轴、重置时间、关键帧的概念、关键帧的基本操作等内容。通过本项目的学习，读者能够应用"时间轴"面板制作视频效果。

学习引导

知识目标
- 了解时间轴、关键帧等概念
- 认识"时间轴"面板

能力目标
- 熟练掌握时间轴的操作及使用方法
- 熟练掌握关键帧的设置方法

素养目标
- 培养对工作流程的掌控能力

实训项目
- 制作文字发光效果
- 制作旅游广告效果

任务 5.1 制作文字发光效果

微课

任务 5.1

5.1.1 任务引入

本任务要求读者首先了解如何使用"时间轴"面板控制播放速度、颠倒时间等；然后通过对"时间轴"面板的应用制作炫彩夺目的粒子文字发光效果。最终效果参看云盘中的"Ch05 > 制作粒子文字效果 > 制作文字发光效果"，如图 5-1 所示。

图 5-1

5.1.2 任务知识：使用"时间轴"面板控制播放速度、颠倒时间

① 使用"时间轴"面板控制播放速度

选择"文件 > 打开项目"命令，或按 Ctrl+O 组合键，在弹出的"打开"对话框中选择云盘中的"基础素材 > Ch05 > 小视频 > 小视频"文件，单击"打开"按钮，打开文件。

在"时间轴"面板中单击 按钮，展开"伸缩"属性，如图 5-2 所示。"伸缩"属性可以加快或减慢素材的播放速度，默认情况下"伸缩"值为 100%，代表以正常速度播放片段；"伸缩"值小于 100% 时，会加快播放速度；"伸缩"值大于 100% 时，将减慢播放速度。不过该属性不可以形成关键帧，因此不能用于制作变速的动画效果。

图 5-2

② 设置音频的时间轴属性

除了视频，在 After Effects 中还可以对音频应用伸缩功能。调整音频图层中的"伸缩"值，可以听到声音的变化，如图 5-3 所示。

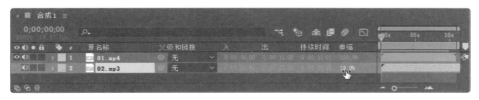

图 5-3

如果某个素材图层同时包含音频和视频信息，在调整伸缩速度时，只希望影响视频信息，音频信息以正常速度播放，那么就需要将该素材图层复制一份，然后关闭其中一个素材图层的视频部分，但保留音频部分，不改变伸缩速度；关闭另一个素材图层的音频部分，保留视频部分，调整伸缩速度。

③ 使用"入"和"出"面板

使用"入"和"出"面板可以方便地控制图层的入点和出点信息，不过它还隐藏了一些快捷功能，通过这些功能同样可以改变素材片段的播放速度。

在"时间轴"面板中，调整当前时间标签到某个位置，在按住 Ctrl 键的同时，单击入点或者出点参数，即可改变素材片段播放速度，如图 5-4 所示。

图 5-4

④ "时间轴"面板中的关键帧

如果某个素材图层上已经制作了关键帧动画，那么在改变其"伸缩"值时，不仅会影响其本身的播放速度，其关键帧之间的时间距离也会随之改变。例如，将"伸缩"值设置为50%，那么原来关键帧之间的距离就会缩短一半，关键帧动画的播放速度同样也会加快一倍，如图 5-5 所示。

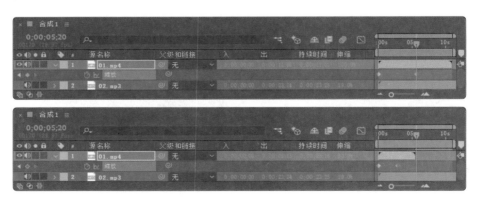

图 5-5

如果不希望在改变"伸缩"值时，影响关键帧的位置，则需要全选当前图层的关键帧，然后选择"编辑 > 剪切"命令，或按 Ctrl+X 组合键，暂时将关键帧信息剪切到系统剪贴板中，调整"伸缩"值，在改变素材图层的播放速度后，选取添加了关键帧的属性，再选择"编辑 >粘贴"命令，或按 Ctrl+V 组合键，将关键帧粘贴回当前图层。

⑤ 颠倒时间

在视频节目中，我们经常会看到倒放的动态影像，利用"伸缩"属性可以很方便地实现这一操作，把"伸缩"值调整为负值即可。例如，要保持片段原来的播放速度，只是实现倒放，将"伸缩"值设置为 -100% 即可，如图 5-6 所示。

图 5-6

将"伸缩"值设置为负值后，图层上会出现蓝色的斜线，表示已经颠倒了时间。但是图层会移动到别的地方，这是因为在颠倒时间的过程中是以图层的入点为变化基准的，所以图层的位置发生了变动，将入点拖曳到合适位置即可。

⑥ 确定时间调整的基准点

在进行时间拉伸的过程中，基准点在默认情况下是以入点为变化标准的，特别是在颠倒时间时，我们能更明显地感受到这一点。其实在 After Effects 中，时间调整的基准点同样是可以改变的。

单击"伸缩"参数，弹出"时间伸缩"对话框，在该对话框的"原位定格"区域设置在改变时间"拉伸"值时，图层变化的基准点，如图 5-7 所示。

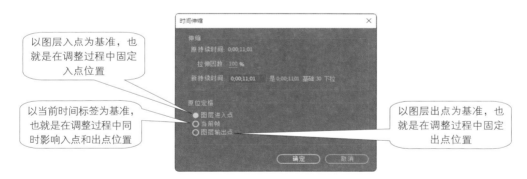

以图层入点为基准，也就是在调整过程中固定入点位置

以当前时间标签为基准，也就是在调整过程中同时影响入点和出点位置

以图层出点为基准，也就是在调整过程中固定出点位置

图 5-7

⑦ "启用时间重映射"命令

在"时间轴"面板中选择视频素材图层，选择"图层 > 时间 > 启用时间重映射"命令，或按 Ctrl+Alt+T 组合键，显示"时间重映射"属性，如图 5-8 所示。

图 5-8

添加"时间重映射"后系统会自动在视频图层的入点和出点位置加入两个关键帧，入点位置的关键帧记录了片段 0s 这个时间，出点关键帧记录了片段最后的时间。

❽ 时间重映射

在"时间轴"面板中，移动时间标签到 5s 的位置，单击"在当前时间添加或移除关键帧"按钮 ，如图 5-9 所示，可以生成一个关键帧，这个关键帧记录了片段 5s 这个时间。

图 5-9

将刚刚生成的关键帧往左边拖动到 3s 的位置，这样得到的结果从视频开始一直到 3s 位置，会播放片段 0s 到 5s 的片段内容。因此，从开始到第 3s 时，素材片段会快速播放，而过了 3s 以后，素材片段会慢速播放，因为最后的关键帧并没有发生位置移动，如图 5-10 所示。

图 5-10

按 0 键，预览动画效果，按任意键结束预览。

再次将时间标签移动到 5s 位置，单击"在当前时间添加或移除关键帧"按钮 ，生成一个关键帧，这个关键帧记录了片段 6:15s 这个时间，如图 5-11 所示。

图 5-11

将记录了片段 6:15s 的这个关键帧移动到 2s 位置，如图 5-12 所示，会播放片段 0s 到 6:15s 的片段内容，速度非常快；然后从 2s 到 3s 位置，反向播放片段 6:15s 到 5s 的内容；过了 3s 直到最后，会重新播放 5s 到 11:01s 的内容。

图 5-12

可以切换到"图形编辑器"模式，调整这些关键帧的运动速率，形成各种变速时间变化，如图 5-13 所示。

图 5-13

5.1.3　任务实施

① 输入文字并添加效果

（1）打开 After Effects CC 2019，按 Ctrl+N 组合键，弹出"合成设置"对话框，在"合成名称"文本框中输入"粒子发散"，其他设置如图 5-14 所示，单击"确定"按钮，创建一个新的合成。

图 5-14

（2）选择"横排文字"工具 T，在"合成"面板中输入文字"午夜都市"。选中文字，在"字符"面板中设置相关参数，如图 5-15 所示。"合成"面板中的效果如图 5-16 所示。

图 5-15

图 5-16

（3）选中文字图层，选择"效果 > 模拟 > CC Pixel Polly"命令，在"效果控件"面板中进行设置，如图5-17所示。"合成"面板中的效果如图5-18所示。

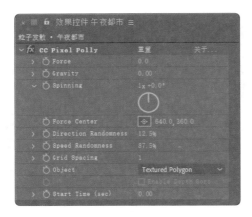

图5-17　　　　　　　　　　　　　　　　图5-18

（4）将时间标签放置在0s的位置，在"效果控件"面板中单击"Force"属性左侧的"关键帧自动记录器"按钮，如图5-19所示，记录第1个关键帧。将时间标签放置在4:24s的位置，在"效果控件"面板中设置"Force"属性的数值为 -0.6，如图5-20所示，记录第2个关键帧。

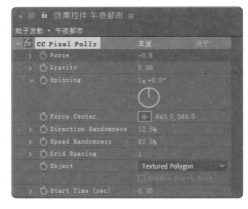

图5-19　　　　　　　　　　　　　　　　图5-20

（5）将时间标签放置在3s的位置，在"效果控件"面板中单击"Gravity"属性左侧的"关键帧自动记录器"按钮，如图5-21所示，记录第1个关键帧。将时间标签放置在4s的位置，在"效果控件"面板中设置"Gravity"属性的数值为3.00，如图5-22所示，记录第2个关键帧。

（6）将时间标签放置在0s的位置，选择"效果 > 风格化 > 发光"命令，在"效果控件"面板中设置"颜色A"为红色（其R、G、B的值分别为255、0、0），"颜色B"为橙黄色（其R、G、B的值分别为255、114、0），其他设置如图5-23所示。"合成"面板中的效果如图5-24所示。

（7）选择"效果 > Trapcode > Shine"命令，在"效果控件"面板中进行设置，如图5-25所示。"合成"面板中的效果如图5-26所示。

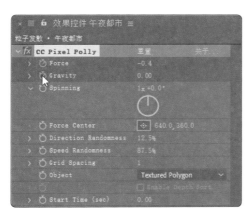

图 5-21

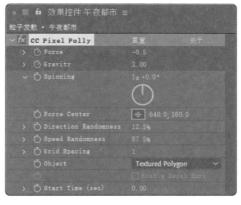

图 5-22

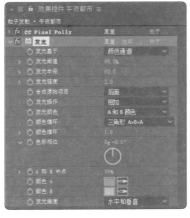

图 5-23

图 5-24

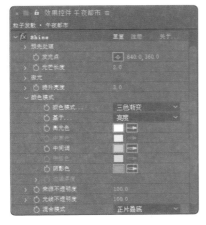

图 5-25

图 5-26

② 制作动画倒放效果

（1）按 Ctrl+N 组合键，弹出"合成设置"对话框，在"合成名称"文本框中输入"粒子汇集"，其他设置如图 5-27 所示，单击"确定"按钮，创建一个新的合成。

（2）选择"文件 > 导入 > 文件"命令，在弹出的"导入文件"对话框中选择云盘中的"Ch05 > 粒子汇集文字 > (Footage) > 01"文件，单击"导入"按钮，将文件导入"项目"面板中。

在"项目"面板中选中"粒子发散"合成和"01"文件，将它们拖曳到"时间轴"面板中，图层的排列顺序如图 5-28 所示。

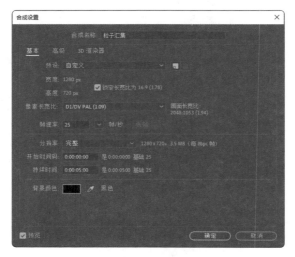

图 5-27　　　　　　　　　　　　　　　　　　　　图 5-28

（3）选中"粒子发散"图层，选择"图层>时间>时间伸缩"命令，弹出"时间伸缩"对话框，设置"拉伸因数"为 -100%，如图 5-29 所示，单击"确定"按钮。时间标签自动移到 0 帧位置处，如图 5-30 所示。

图 5-29　　　　　　　　　　　　　　　　　　　　图 5-30

（4）按 [键将素材对齐，如图 5-31 所示。文字发光效果制作完成，如图 5-32 所示。

图 5-31　　　　　　　　　　　　　　　　　　　　图 5-32

5.1.4　扩展实践：制作美食短片效果

使用"时间轴"面板控制动画的入点和出点，使用"缩放"属性缩放视频大小。最终效果参看云盘中的"Ch05 > 制作美食短片效果 > 制作美食短片效果"，如图 5-33 所示。

微课

5.1.4 扩展实践

图 5-33

任务 5.2　制作旅游广告效果

微课

任务 5.2

5.2.1　任务引入

本任务要求读者首先了解如何添加、选择和编辑关键帧等关键帧的基本操作；然后通过"动态草地""平滑器"命令及对关键帧的编辑，制作风格简约清新、令人向往的旅游广告。最终效果参看云盘中的"Ch05 > 制作旅游广告效果 > 制作旅游广告效果"，如图 5-34 所示。

图 5-34

5.2.2　任务知识：添加、选择和编辑关键帧

① 理解关键帧概念

在 After Effects 中，包含关键信息的帧称为关键帧。锚点、旋转和不透明度等所有能够用数值表示的信息都包含在关键帧中。

在制作电影时，通常要制作许多不同的片段，然后将这些片段连接到一起才能制作成电影。每一个片段的开头和结尾都要做标记，这样在看到标记时就知道这一段内容是什么。

After Effects 依据前后两个关键帧识别动画的开始和结束状态，并自动计算它们中间的动画过程（此过程也叫插值运算），以此产生视觉动画。这也就意味着，要产生关键帧动画，就必须有两个或两个以上有变化的关键帧。

② 关键帧自动记录器

After Effects 提供了非常丰富的功能来调整和设置图层的各个属性，但是在普通状态下，这种设置被看作是针对整个持续时间的，如果要进行动画处理，则必须单击"关键帧自动记录器"按钮，记录两个或两个以上含有不同变化信息的关键帧，如图 5-35 所示。

图 5-35

关键帧自动记录器处于启用状态时，After Effects 将自动记录当前时间标签下该图层该属性的任何变动，形成关键帧。如果关闭属性的"关键帧自动记录器"按钮，则此属性的所有已有的关键帧将被删除，由于缺少关键帧，动画信息丢失，所以再次调整属性时，将被视为针对整个持续时间的调整。

❸ 添加关键帧

添加关键帧的方法有很多，基本方法是先激活某属性的关键帧自动记录器，然后改变属性值，在当前时间标签处形成关键帧，具体操作步骤如下。

选择某图层，单击小箭头按钮或按属性的快捷键，展开图层的属性。

将时间标签移动到需要建立第 1 个关键帧的位置。

单击某属性左侧的"关键帧自动记录器"按钮，时间标签处将产生第 1 个关键帧，调整此属性到合适值。

将时间标签移动到需要建立下一个关键帧的位置，在"合成"面板或者"时间轴"面板中调整相应的图层属性，关键帧将自动产生。

按 0 键，预览动画。

另外，单击"时间轴"面板中关键帧控制区中间的按钮，可以添加关键帧；如果在已经有关键帧的情况下单击此按钮，则删除已有的关键帧，其快捷键是 Alt+Shift+ 属性快捷键，如 Alt+Shift+P 组合键。

提示　　　如果某图层的蒙版属性打开了关键帧自动记录器，那么在"图层"面板中调整其蒙版时也会产生关键帧信息。

❹ 关键帧导航

前面提到了"时间轴"面板的关键帧控制区，此控制区中最主要的功能就是关键帧导航，通过关键帧导航可以快速跳转到上一个或下一个关键帧位置，还可以方便地添加或者删除关键帧。如果此控制区没有出现，则单击"时间轴"面板左上方的按钮，在弹出的菜单中选择"列数＞A/V 功能"命令，即可打开此控制区，如图 5-36 所示。

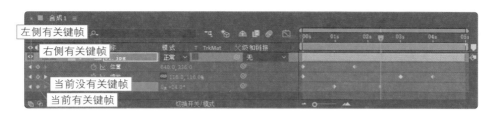

图 5-36

> **提示**　若要对关键帧进行导航操作，就必须将关键帧显示出来，按 U 键可显示图层中的所有关键帧动画信息。

◀按钮用于跳转到上一个关键帧位置，其快捷键是 J。

▶按钮用于跳转到下一个关键帧位置，其快捷键是 K。

> **提示**　关键帧导航按钮仅可对本属性的关键帧进行导航，快捷键 J 和 K 则可以对画面中已显示的所有关键帧进行导航，这是有区别的。

"在当前时间添加或移除关键帧"按钮◇：当前无关键帧，单击此按钮将生成关键帧。

"在当前时间添加或移除关键帧"按钮◆：当前已有关键帧，单击此按钮将删除关键帧。

⑤ 选择关键帧

◎ 选择单个关键帧

在"时间轴"面板中，展开某个含有关键帧的属性，单击某个关键帧，此关键帧即被选中。

◎ 选择多个关键帧

在"时间轴"面板中，在按住 Shift 键的同时逐个单击关键帧，即可选择多个关键帧。

在"时间轴"面板中，用鼠标指针拖曳出一个选取框，选取框内的所有关键帧即被选中，如图 5-37 所示。

图 5-37

◎ 选择所有关键帧

单击属性名称，即可选择其中的所有关键帧，如图 5-38 所示。

图 5-38

6 编辑关键帧

◎ 编辑关键帧值

在关键帧上双击，在弹出的对话框中进行设置，如图 5-39 所示。

提示　不同的属性对话框中呈现的内容不同，图 5-39 所示为双击"旋转"属性时弹出的对话框。

要在"合成"面板或者"时间轴"面板中调整关键帧，就必须先选中关键帧，否则编辑的关键帧将变成新生成的关键帧，如图 5-40 所示。

图 5-39

图 5-40

提示　在按住 Shift 键的同时，移动时间标签，时间标签将自动对齐最近的一个关键帧，如果在按住 Shift 键的同时移动关键帧，关键帧将自动对齐当前时间标签。

要同时修改某属性的几个或所有关键帧的值，需要先同时选中这几个或者所有关键帧，并确定当前时间标签刚好对齐选中的某一个关键帧，如图 5-41 所示。

图 5-41

◎ 移动关键帧

选中单个或者多个关键帧，将其拖曳到目标时间位置即可；也可以在按住 Shift 键的同时，将关键帧锁定到当前时间标签处。

◎ 复制关键帧

复制关键帧可以大大提高创作效率，减少一些重复性的操作，但是在粘贴前一定要注意当前选择的目标图层、目标图层的目标属性，以及当前时间标签所在的位置，因为这是粘贴操作的重要依据。具体操作步骤如下。

选中要复制的单个或多个关键帧，甚至是多个属性的多个关键帧，如图 5-42 所示。

图 5-42

选择"编辑 > 复制"命令，复制选中的多个关键帧。选择目标图层，将时间标签移动到目标位置，如图 5-43 所示。

图 5-43

选择"编辑 > 粘贴"命令，粘贴复制的关键帧，如图 5-44 所示。

图 5-44

关键帧的复制和粘贴不仅可以在本图层属性上执行，还可以应用到其他图层的相同属性上，这要求两个属性的数据类型必须一致。例如，将某个二维图层的"位置"属性复制并粘贴到另一个二维图层的"锚点"属性上，由于这两个属性的数据类型一致（都是 x 轴向和 y 轴向的两个值），所以可以实现复制和粘贴操作，只要在粘贴操作前确定选中目标图层的目标属性即可，如图 5-45 所示。

图 5-45

> **提示**　　如果粘贴的关键帧与目标图层的关键帧在同一时间位置，那么粘贴的关键帧将覆盖目标图层中原来的关键帧。另外，图层的属性值在无关键帧时也可以进行复制和粘贴，通常用于统一不同图层间的属性。

◎ 删除关键帧

- 选中需要删除的单个或多个关键帧，选择"编辑 > 清除"命令，进行删除操作。
- 选中需要删除的单个或多个关键帧，按 Delete 键完成删除操作。
- 鼠标指针在当前关键帧所在位置时，"在当前时间添加或移除关键帧"按钮呈 ◆ 状态，单击该按钮将删除当前关键帧，或按 Alt+Shift+ 属性快捷键，如 Alt+Shift+P 组合键，也可删除当前关键帧。
- 如果要删除某属性的所有关键帧，则单击属性的名称选中该属性的全部关键帧，然后按 Delete 键；单击关键帧属性左侧的"关键帧自动记录器"按钮 ⊙，将其关闭，也可起到删除关键帧的作用。

5.2.3　任务实施

（1）打开 After Effects CC 2019，按 Ctrl+N 组合键，弹出"合成设置"对话框，在"合成名称"文本框中输入"效果"，其他设置如图 5-46 所示，单击"确定"按钮，创建一个新的合成。选择"文件 > 导入 > 文件"命令，在弹出的"导入文件"对话框中选择云盘中的"Ch05 > 制作旅游广告效果 >（Footage）> 01 ～ 04"文件，单击"导入"按钮，将图片导入"项目"面板中，如图 5-47 所示。

（2）在"项目"面板中选中"01""02""03"文件，并将它们拖曳到"时间轴"面板中，图层的排列顺序如图 5-48 所示。选中"02.png"图层，按 P 键显示"位置"属性，设置"位置"属性的数值为 705.0,334.0，如图 5-49 所示。

（3）选中"03.png"图层，选择"向后平移（锚点）"工具 ▦，在"合成"面板中按住鼠标左键，调整飞机中心点的位置，如图 5-50 所示。按 P 键显示"位置"属性，设置"位置"属性的数值为 909.0,685.0，如图 5-51 所示。

（4）按"R"键显示"旋转"属性，设置"旋转"属性的数值为 0x+57.0°，如图 5-52

所示。"合成"面板中的效果如图 5-53 所示。

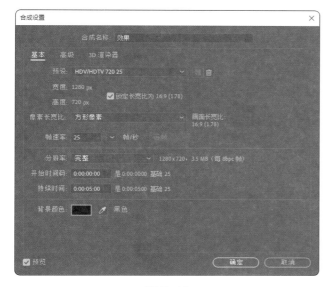

图 5-46

图 5-47

图 5-48

图 5-49

图 5-50

图 5-51

图 5-52

图 5-53

（5）选择"窗口 > 动态草图"命令，弹出"动态草图"面板，在该面板中设置参数，如图 5-54 所示，单击"开始捕捉"按钮。当"合成"面板中的鼠标指针变成"+"字形状时，在面板中绘制运动路径，如图 5-55 所示。

（6）选择"图层 > 变换 > 自动定向"命令，弹出"自动方向"对话框，在该对话框中选中"沿路径定向"单选项，如图 5-56 所示，单击"确定"按钮。"合成"面板中的效果如图 5-57 所示。

图 5-54

图 5-55

图 5-56

（7）按 P 键显示"位置"属性，用框选的方法选中所有的关键帧，选择"窗口 > 平滑器"命令，弹出"平滑器"面板，在该面板中设置参数，如图 5-58 所示，单击"应用"按钮。"合成"面板中的效果如图 5-59 所示，动画会更加流畅。

图 5-57

图 5-58

图 5-59

（8）在"项目"面板中选中"04.png"文件，将其拖曳到"时间轴"面板中，如图 5-60 所示。"合成"面板中的效果如图 5-61 所示。旅游广告制作完成。

图 5-60

图 5-61

5.2.4　扩展实践：制作游泳的蝌蚪动画效果

使用"位置"属性、"缩放"属性和"旋转"属性编辑蝌蚪的位置、大小和方向，使用"动态草图"命令绘制动画路径并自动添加关键帧，使用"平滑器"命令自动减少关键帧，使用"投影"命令给蝌蚪添加投影。最终效果参看云盘中的"Ch05 > 制作游泳的蝌蚪动画效果 > 制作游泳的蝌蚪动画效果"，如图 5-62 所示。

图 5–62

任务 5.3　项目演练：制作花开放的效果

本任务要求制作花开放的效果，可以使用"导入"命令导入视频与图片；使用"缩放"属性缩放效果；使用"位置"属性改变形状位置；使用"色阶"命令调整颜色；使用"启用时间重映射"命令添加并编辑关键帧效果。最终效果参看云盘中的"Ch05 > 制作花开放的效果 > 制作花开放的效果"，如图 5-63 所示。

图 5–63

项目6

掌握文字应用
——制作文字效果

06

本项目将对创建文字的方法进行详细讲解，其中包括文字工具、文字图层、文字效果等。通过本项目的学习，读者可以掌握After Effects中的文字创建技巧。

学习引导

知识目标
- 认识文字工具、文字图层
- 了解常见的文字效果

能力目标
- 熟练掌握文字工具的使用方法
- 掌握基本文字与路径文字的输入方法

素养目标
- 提高文学修养
- 培养清晰的逻辑思维

实训项目
- 制作打字效果
- 制作烟飘文字效果

任务 6.1 制作打字效果

微课

任务 6.1

6.1.1 任务引入

本任务要求读者首先认识文字工具和文字图层；然后通过使用"横排文字"工具输入文字并编辑，使用"效果和预设"命令等制作生动逼真的打字效果。最终效果参看云盘中的"Ch06 > 制作打字效果 > 制作打字效果"，如图 6-1 所示。

图 6-1

6.1.2 任务知识：文字工具和文字图层

1 文字工具

在 After Effects CC 2019 中创建文字非常方便，有以下几种方法。

选择工具栏中的"横排文字"工具 **T**，如图 6-2 所示。

图 6-2

或选择"图层 > 新建 > 文本"命令，或按 **Ctrl+Alt+Shift+T** 组合键，如图 6-3 所示。

图 6-3

工具栏提供了创建文字的工具，包括"横排文字"工具 **T** 和"直排文字"工具 **IT**，可以根据需要创建水平文字和垂直文字，如图 6-4 所示。可以在"字符"面板中设置字体类型、字号、颜色、字间距、行间距和比例关系等。可以在"段落"面板中设置文字左对齐、中心对齐和右对齐等段落对齐方式，如图 6-5 所示。

图 6-4

图 6-5

2 文字图层

在菜单栏中选择"图层 > 新建 > 文本"命令，如图 6-6 所示，可以建立一个文字图层。建立文字图层后，可以直接在面板中输入需要的文字，如图 6-7 所示。

图 6-6

图 6-7

6.1.3　任务实施

（1）打开 After Effects CC 2019，按 Ctrl+N 组合键，弹出"合成设置"对话框，在"合成名称"文本框中输入"最终效果"，其他设置如图 6-8 所示，单击"确定"按钮，创建一个新的合成。选择"文件 > 导入 > 文件"命令，在弹出的"导入文件"对话框中选择云盘中的"Ch06 > 制作打字效果 > (Footage) > 01"文件，单击"导入"按钮，将图片导入"项目"面板中，如图 6-9 所示。并将图片拖曳到"时间轴"面板中。

（2）选择"横排文字"工具 **T**，在"合成"面板输入文字"童年是欢乐的海洋，在童年的回忆中有无数的趣事，也有伤心的往事，我在那回忆的海岸寻觅着美丽的童真，找到了……"。选中文字，在"字符"面板中设置文字参数，如图 6-10 所示。"合成"面板中的效果如图 6-11 所示。

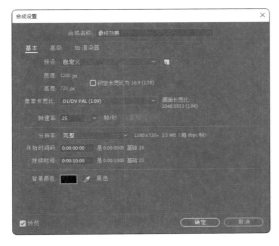

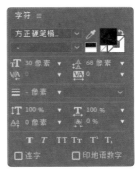

图 6-8　　　　　　　　　　图 6-9　　　　　　　　　　图 6-10

（3）选中文字图层，将时间标签放置在 0s 的位置，选择"窗口 > 效果和预设"命令，弹出"效果和预设"面板，单击"动画预设"左侧的小箭头按钮 ❭ 将其展开，双击"Text > Multi-line > 文字处理器"，如图 6-12 所示，应用效果。"合成"面板中的效果如图 6-13 所示。

图 6-11　　　　　　　　　図 6-12　　　　　　　　　图 6-13

（4）选中文字图层，按 U 键显示所有关键帧，如图 6-14 所示。将时间标签放置在 8:03s 的位置，按住 Shift 键将第 2 个关键帧拖曳到时间标签所在的位置，并设置"滑块"属性的数值为 100.00，如图 6-15 所示。

图 6-14

（5）打字效果制作完成，如图 6-16 所示。

图 6-15

图 6-16

6.1.4 扩展实践：制作空中透明文字效果

使用"导入"命令导入素材，使用"置换图"命令制作文字嵌入天空中的效果。最终效果参看云盘中的"Ch06 > 制作空中透明文字效果 > 制作空中透明文字效果"，如图 6-17 所示。

图 6-17

微课

6.1.4 扩展实践

任务 6.2 制作烟飘文字效果

6.2.1 任务引入

本任务要求读者首先了解基本文字效果和路径文字效果；然后通过使用"横排文字"工具输入文字，使用"分形杂色"命令制作背景效果，使用"矩形"工具制作蒙版效果，使用"复合模糊""置换图"命令等制作烟飘文字效果。最终效果参看云盘中的"Ch06 > 制作烟飘文字效果 > 制作烟飘文字效果"，如图 6-18 所示。

微课

任务 6.2

图 6-18

6.2.2 任务知识：基本文字效果和路径文字效果

1 基本文字效果

基本文字效果用于创建文字或文字动画，可以指定文字的字体、样式、方向以及排列，如图 6-19 所示。

图 6-19

该效果还可以将文字创建在一个现有的图像图层中，勾选"在原始图像上合成"复选框，可以将文字与图像融合在一起，也可以取消勾选该复选框，只使用文字。该效果还提供了位置、填充和描边、大小、字符间距、行距等信息，如图 6-20 所示。

图 6-20

2 路径文字效果

路径文字效果用于制作字符沿某一条路径运动的动画效果。选择"效果 > 过时 > 路径文字"命令，弹出"路径文字"对话框，该效果对话框提供了字体和样式设置，如图 6-21 所示。

路径文字效果还提供了信息、路径选项、填充和描边、字符、段落、高级、在原始图像上合成等设置，如图 6-22 所示。

图 6-21

图 6-22

6.2.3　任务实施

1　输入文字与添加噪波

（1）打开 After Effects CC 2019，按 Ctrl+N 组合键，弹出"合成设置"对话框，在"合成名称"文本框中输入"文字"，单击"确定"按钮，创建一个新的合成，如图 6-23 所示。

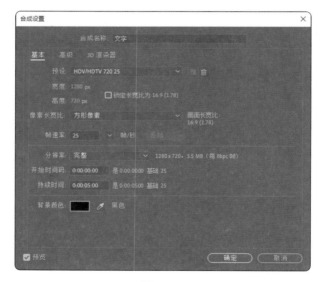

图 6-23

（2）选择"横排文字"工具 **T**，在"合成"面板中输入文字"Urban Night"。选中文字，在"字符"面板中设置"填充颜色"为蓝色（其 R、G、B 的值分别为 0、132、202），其他设置如图 6-24 所示。"合成"面板中的效果如图 6-25 所示。

图 6-24

图 6-25

（3）按 Ctrl+N 组合键，弹出"合成设置"对话框，在"合成名称"文本框中输入"噪波"，单击"确定"按钮，创建一个新的合成。选择"图层 > 新建 > 纯色"命令，弹出"纯色设置"对话框，在"名称"文本框中输入文字"噪波"，将"颜色"设为灰色（其 R、G、B 的值均为 135），如图 6-26 所示，单击"确定"按钮，在"时间轴"面板中新增一个灰色图层。

图 6-26

（4）选中"噪波"图层，选择"效果 > 杂色和颗粒 > 分形杂色"命令，在"效果控件"面板中进行设置，如图 6-27 所示。"合成"面板中的效果如图 6-28 所示。

图 6-27

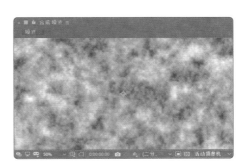

图 6-28

（5）将时间标签放置在 0s 的位置，在"效果控件"面板中单击"演化"属性左侧的"关键帧自动记录器"按钮，如图 6-29 所示，记录第 1 个关键帧。将时间标签放置在 4:24s 的位置，在"效果控件"面板中，设置"演化"属性的数值为 3x+0.0°，如图 6-30 所示，记录第 2 个关键帧。

图 6-29

图 6-30

❷ 添加蒙版效果

（1）选择"矩形"工具，在"合成"面板中拖曳鼠标指针绘制一个矩形蒙版，如图 6-31 所示。按 F 键，显示"蒙版羽化"属性，设置"蒙版羽化"属性的数值为 140.0,140.0，如图 6-32 所示。

图 6-31

图 6-32

（2）将时间标签放置在 0s 的位置，选中"噪波"图层，按两次 M 键，展开"蒙版 1"属性组，单击"蒙版路径"属性左侧的"关键帧自动记录器"按钮，如图 6-33 所示，记录第 1 个蒙版形状关键帧。将时间标签放置在 4:24s 的位置，选择"选取"工具，在"合成"面板中同时选中蒙版左侧的两个控制点，将控制点向右拖曳到适当的位置，如图 6-34 所示，记录第 2 个蒙版形状关键帧。

（3）按 Ctrl+N 组合键，创建一个新的合成，命名为"噪波 2"。选择"图层 > 新建 > 纯色"命令，新建一个灰色图层，并命名为"噪波 2"。与前面制作"噪波"合成的步骤一样，为其添加"分形杂色"效果并添加关键帧。选择"效果 > 颜色校正 > 曲线"命令，在"效果控件"面板中调节曲线，如图 6-35 所示。调节后，"合成"面板中的效果如图 6-36 所示。

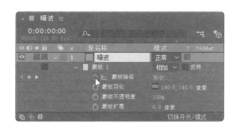

图 6-33

图 6-34

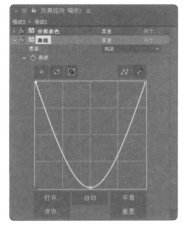

图 6-35

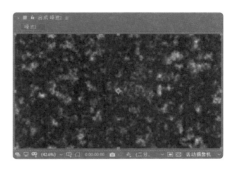

图 6-36

（4）按 Ctrl+N 组合键，弹出"合成设置"对话框，在"合成名称"文本框中输入"最终效果"，单击"确定"按钮，创建一个新的合成，如图 6-37 所示。在"项目"面板中，分别选中"文字""噪波""噪波 2"合成并将它们拖曳到"时间轴"面板中，图层的排列顺序如图 6-38 所示。

（5）选择"文件 > 导入 > 文件"命令，在弹出的"导入文件"对话框中选择云盘中的"Ch06 > 制作烟飘文字效果 > (Footage) > 01"文件，单击"导入"按钮，导入背景视频，并将其拖曳到"时间轴"面板中，如图 6-39 所示。

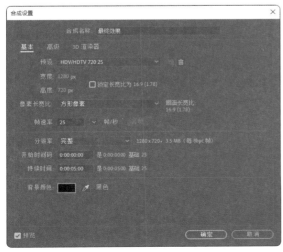

图 6-37

图 6-38

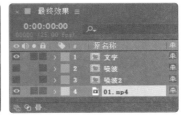

图 6-39

（6）分别单击"噪波"图层和"噪波 2"图层左侧的 按钮，将图层隐藏。选中文字图层，选择"效果 > 模糊和锐化 > 复合模糊"命令，在"效果控件"面板中进行设置，如图 6-40 所示。"合成"面板中的效果如图 6-41 所示。

图 6-40

图 6-41

（7）在"效果控件"面板中，单击"最大模糊"属性左侧的"关键帧自动记录器"按钮 ，如图 6-42 所示，记录第 1 个关键帧。将时间标签放置在 4:24s 的位置，在"效果控件"面板中，设置"最大模糊"属性的数值为 0.0，如图 6-43 所示，记录第 2 个关键帧。

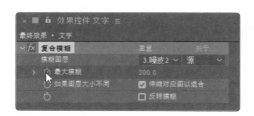

图 6-42

图 6-43

（8）选择"效果 > 扭曲 > 置换图"命令，在"效果控件"面板中进行设置，如图 6-44 所示。烟飘文字效果制作完成，效果如图 6-45 所示。

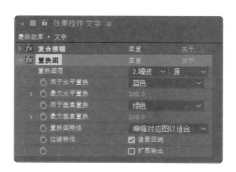

图 6-44

图 6-45

6.2.4　扩展实践：制作文字动画效果

使用"导入"命令导入素材，使用"路径文字"命令输入文字，使用"投影"命令为文字添加投影效果。最终效果参看云盘中的"Ch06 > 制作文字动画效果 > 制作文字动画效果"，如图 6-46 所示。

图 6-46

微课

6.2.4 扩展实践

任务 6.3　项目演练：制作模糊文字效果

　　本任务要求制作模糊文字效果，可使用"导入"命令导入素材，使用"镜头光晕"命令添加光晕效果，使用"模式"选项编辑图层的混合模式。最终效果参看云盘中的"Ch06 > 制作模糊文字效果 > 制作模糊文字效果"，如图 6-47 所示。

图 6-47

微课

任务 6.3

项目7

掌握效果应用
——制作效果

07

本项目主要介绍After Effects中的各种效果、应用方式和参数设置，并对有实用价值、存在一定难度的效果进行重点讲解。通过本项目的学习，读者可以了解并掌握After Effects效果的制作。

学习引导

知识目标

- 了解效果的种类
- 了解各效果的属性

能力目标

- 熟练掌握效果的添加方法
- 掌握各效果的属性设置及应用方法

素养目标

- 提高对视频效果的审美水平

实训项目

- 制作闪白切换效果
- 制作晕染效果
- 制作光芒放射效果

任务 **7.1** 制作闪白切换效果

微课

任务 7.1

7.1.1 任务引入

本任务要求读者首先了解如何为图层添加效果，如何使用效果预设；然后通过使用"导入"命令导入素材，使用"快速方框模糊"命令、"色阶"命令制作图像闪白效果，使用"投影"命令制作文字的投影效果，使用"效果和预设"命令制作文字动画特效，制作闪白切换效果。最终效果参看云盘中的"Ch07 > 制作闪白切换效果 > 制作闪白切换效果"，如图 7-1 所示。

图 7-1

7.1.2 任务知识：为图层添加效果、使用效果预设

① 初步了解效果

After Effects 自带了许多效果，包括音频、模糊和锐化、颜色校正、扭曲、键控、模拟、风格化和文字等。使用效果不仅能对影片进行艺术加工，还可以提高影片的画面质量和播放效果。

② 为图层添加效果

为图层添加效果的方法很简单，方式也有很多种，可以根据情况灵活应用。

• 在"时间轴"面板中选中某个图层，再选择"效果"菜单中的命令。

• 在"时间轴"面板中的某个图层上单击鼠标右键，在弹出的菜单中选择"效果"子菜单中的命令。

• 选择"窗口 > 效果和预设"命令，或按 Ctrl+5 组合键，弹出"效果和预设"面板，从各个分类中选中需要的效果，然后将其拖曳到"时间轴"面板中的某图层上，如图 7-2 所示。

• 在"时间轴"面板中选择某图层，然后选择"窗口 > 效果和预设"命令，弹出"效果和预设"面板，双击分类中的效果。

对于图层来讲，一个效果常常是不能满足创作需要的。只有使用以上的任意一种方法，为图层添加多个效果，才能制作出复杂而多变的效果。但是，为同一图层应用多个效果时，一定要注意效果添加的顺序，因为不同的顺序可能会有完全不同的画面效果，如图 7-3 和图 7-4 所示。

图 7-2

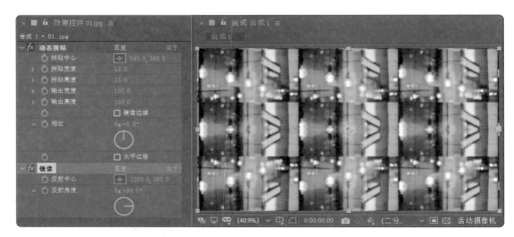

图 7-3

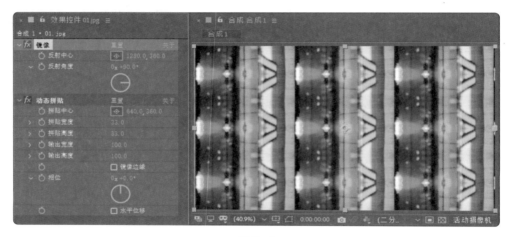

图 7-4

改变效果顺序的方法也很简单，只要在"效果控件"面板或者"时间轴"面板中，上下拖曳所需的效果到目标位置即可，如图 7-5 和图 7-6 所示。

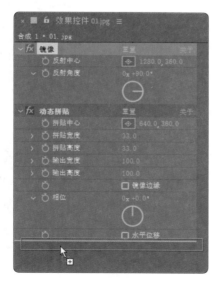

图 7-5

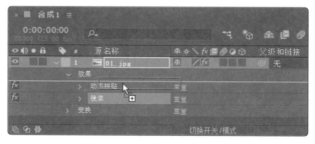

图 7-6

③ 调整、复制和删除效果

◎ 调整效果

在为图层添加效果时，一般会自动打开"效果控件"面板；如果未打开该面板，可以选择"窗口 > 效果控件"命令将"效果控件"面板打开。

After Effects 中有多种效果，且各个效果的功能有所不同，调整效果的方法分为 5 种。

（1）定义位置点：一般用来设置效果的中心位置。调整的方法有两种：一种是直接调整参数值；另一种是单击■■按钮，在"合成"面板中的合适位置单击，效果如图 7-7 所示。

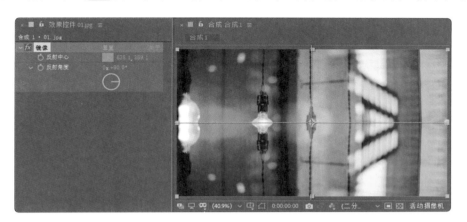

图 7-7

（2）调整数值：将鼠标指针放置在某个属性右侧的数值上，当鼠标指针变为时，上下拖曳鼠标指针可以调整数值，如图 7-8 所示，也可以直接在数值上单击将其激活，然后输入需要的数值。

图 7-8

（3）调整滑块：左右拖动滑块调整数值。不过需要注意：滑块并不能显示参数的极限值。例如，"复合模糊"效果，虽然在调整滑块中看到的调整范围是 0 ~ 100，但也可以用直接输入数值的方法进行调整，如图 7-9 所示。

（4）颜色选取框：主要用于选取或者改变颜色，单击会弹出图 7-10 所示的对话框。

（5）角度旋转器：一般用于设置角度和圈数，如图 7-11 所示。

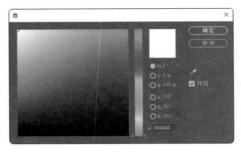

图 7-9　　　　　　　　　　　　　图 7-10　　　　　　　　　　　　　图 7-11

◎ 复制效果

如果只是在本图层中复制效果，只需要在"效果控件"面板或者"时间轴"面板中选中效果，按 Ctrl+D 组合键即可实现。

如果要将效果复制到其他图层中，可以执行如下操作步骤。

在"效果控件"面板或者"时间轴"面板中选中原图层中的一个或多个效果。

选择"编辑 > 复制"命令，或者按 Ctrl+C 组合键，完成效果的复制操作。

在"时间轴"面板中选中目标图层，然后选择"编辑 > 粘贴"命令，或按 Ctrl+V 组合键，完成效果的粘贴操作。

◎ 删除效果

在"效果控件"面板或者"时间轴"面板中选择某个效果，按 Delete 键即可将其删除。

提示　　　　在"时间轴"面板中快速展开效果的方法是：选中含有效果的图层后按 E 键。

◎ 暂时关闭效果

单击"效果控件"面板或者"时间轴"面板中的 fx 按钮，可以暂时关闭某一个或某几个效果，使其不起作用，如图 7-12 和图 7-13 所示。

图 7-12　　　　　　　　　　　　　　　　图 7-13

④ 制作关键帧动画

◎ 在"时间轴"面板中制作动画

在"时间轴"面板中选择某个图层，选择"效果 > 模糊与锐化 > 高斯模糊"命令，为其添加"高斯模糊"效果。

按 E 键显示效果属性，单击"高斯模糊"属性组左侧的小箭头按钮，将其展开。

单击"模糊度"属性左侧的"关键帧自动记录器"按钮，生成第 1 个关键帧，如图 7-14 所示。

图 7-14

将时间标签移动到另一个位置，调整"模糊度"的数值，After Effects 将自动生成第 2 个关键帧，如图 7-15 所示。

图 7-15

按 0 键，预览动画。

◎ 在"效果控件"面板中制作关键帧动画

在"时间轴"面板中选择某个图层，选择"效果 > 模糊与锐化 > 高斯模糊"命令，为其添加"高斯模糊"效果。

在"效果控件"面板中单击"模糊度"属性左侧的"关键帧自动记录器"按钮，如图 7-16 所示，或在按住 Alt 键的同时单击"模糊度"属性名称，生成第 1 个关键帧。

图 7-16

将时间标签移动到另一个位置，在"效果控件"面板中调整"模糊度"属性的数值，自动生成第 2 个关键帧。

5 使用预设效果

在添加预设效果前必须确定时间标签所处的位置，因为添加的预设效果如果含有动画信息，则会以当前时间标签的位置为动画的起始点，如图 7-17 和图 7-18 所示。

图 7-17

图 7-18

6 高斯模糊

"高斯模糊"效果用于模糊和柔化图像，可以去除图像中的杂点。高斯模糊能产生细腻的模糊效果，尤其是单独使用的时候。高斯模糊效果的相关属性如图 7-19 所示。

图 7-19

- 模糊度：调整图像的模糊程度。
- 模糊方向：设置模糊的方式，提供了水平和垂直、水平、垂直 3 种模糊方式。

"高斯模糊"效果的应用如图 7-20 ～图 7-22 所示。

图 7-20

图 7-21

图 7-22

7 定向模糊

定向模糊也称为方向模糊。这是一种十分具有动感的模糊效果，可以在任何方向产生模糊效果。当图层为草稿质量时，应用图像边缘的平均值；当图层为最高质量时，应用高斯模式的模糊，产生平滑、渐变的模糊效果。"定向模糊"效果的相关属性如图 7-23 所示。

图 7-23

- 方向：调整模糊的方向。
- 模糊长度：调整效果的模糊程度，数值越大，模糊的程度也就越大。

"定向模糊"效果的应用如图 7-24～图 7-26 所示。

图 7-24　　　　　　　　　图 7-25　　　　　　　　　图 7-26

❽ 径向模糊

使用"径向模糊"效果可以在图层中围绕特定点为图像添加缩放或旋转模糊的效果，"径向模糊"效果的相关属性如图 7-27 所示。

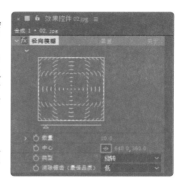

图 7-27

- 数量：控制图像的模糊程度。模糊程度的大小取决于模糊量的大小，在"旋转"类型下，模糊量表示旋转模糊程度；在"缩放"类型下，模糊量表示缩放模糊程度。

- 中心：调整模糊中心点的位置，可以单击 ❖ 按钮，在视频窗口中指定中心点的位置。

- 类型：设置模糊类型，其中提供了旋转和缩放两种模糊类型。

- 消除锯齿（最佳品质）：该功能只在图像为最高品质时起作用。

"径向模糊"效果的应用如图 7-28～图 7-30 所示。

 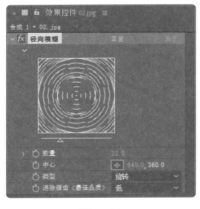 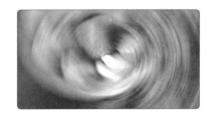

图 7-28　　　　　　　　　图 7-29　　　　　　　　　图 7-30

❾ 快速方框模糊

"快速方框模糊"效果用于设置图像的模糊程度，它和"高斯模糊"效果十分类似，但它在大面积应用时实现速度更快，效果更明显。"快速方框模糊"效果的相关属性如图 7-31 所示。

- 模糊半径：设置模糊程度。

- 迭代：设置模糊效果连续应用到图像中的次数。

图 7-31

- 模糊方向：设置模糊方向，有水平、垂直、水平和垂直 3 种方式。
- 重复边缘像素：勾选此复选框，可让图像边缘保持清晰。

"快速方框模糊"效果的应用如图 7-32 ～图 7-34 所示。

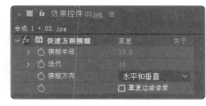

图 7-32 　　　　　　　　　图 7-33 　　　　　　　　　图 7-34

10 锐化

"锐化"效果用于锐化图像，在图像颜色发生变化的地方提高图像的对比度。"锐化"效果的相关属性如图 7-35 所示。

图 7-35

- 锐化量：设置锐化的程度。

"锐化"效果的应用如图 7-36 ～图 7-38 所示。

图 7-36 　　　　　　　　　图 7-37 　　　　　　　　　图 7-38

7.1.3 任务实施

1 导入素材

（1）打开 After Effects CC 2019，按 Ctrl+N 组合键，弹出"合成设置"对话框，在"合成名称"文本框中输入"最终效果"，其他设置如图 7-39 所示，单击"确定"按钮，创建一个新的合成。

（2）选择"文件 > 导入 > 文件"命令，在弹出的"导入文件"对话框中选择云盘中的"Ch07 > 制作闪白切换效果 > (Footage) > 01 ～ 07"7 个文件，单击"导入"按钮，将图片导入"项目"面板中，如图 7-40 所示。

（3）在"项目"面板中选中"01"～"05"文件，并将它们拖曳到"时间轴"面板中，图层的排列顺序如图 7-41 所示。

（4）选中"01.jpg"图层，按 Alt+] 组合键，设置动画的出点。用相同的方法分别设置"03.jpg""04.jpg""05.jpg"图层的出点，"时间轴"面板如图 7-42 所示。

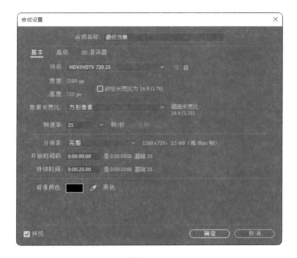

图 7-39

图 7-40

图 7-41

图 7-42

（5）将时间标签放置在 4s 的位置，如图 7-43 所示，选中"02.jpg"图层，按 Alt+] 组合键，设置动画的出点，"时间轴"面板如图 7-44 所示。

图 7-43

图 7-44

（6）在"时间轴"面板中选中"01.jpg"图层，在按住 Shift 键的同时选中"05.jpg"图层，两图层间的图层将被选中，选择"动画 > 关键帧辅助 > 序列图层"命令，弹出"序列图层"对话框，取消勾选"重叠"复选框，如图 7-45 所示，单击"确定"按钮，每个图层依次排列，首尾相接，如图 7-46 所示。

图 7-45

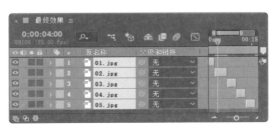

图 7-46

（7）选择"图层＞新建＞调整图层"命令，在"时间轴"面板中新增一个调整图层，如图7-47所示。

图7-47

2 制作图像闪白效果

（1）选中"调整图层1"图层，选择"效果＞模糊和锐化＞快速方框模糊"命令，在"效果控件"面板中进行设置，如图7-48所示。"合成"面板中的效果如图7-49所示。

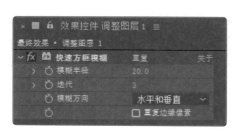

图7-48

图7-49

（2）选择"效果＞颜色校正＞色阶"命令，在"效果控件"面板中进行设置，如图7-50所示。"合成"面板中的效果如图7-51所示。

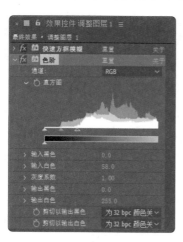

图7-50

图7-51

（3）将时间标签放置在0s的位置，在"效果控件"面板中单击"快速方框模糊"效果中的"模糊半径"属性和"色阶"效果中的"直方图"属性左侧的"关键帧自动记录器"按钮，记录第1个关键帧，如图7-52所示。

（4）将时间标签放置在 0:06s 的位置，在"效果控件"面板中设置"模糊半径"属性的数值为 0.0，"输入白色"属性的数值为 255.0，如图 7-53 所示，记录第 2 个关键帧。"合成"面板中的效果如图 7-54 所示。

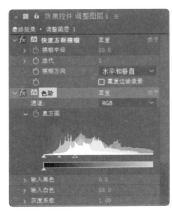

图 7-52

图 7-53

图 7-54

（5）将时间标签放置在 2:04s 的位置，按 U 键显示所有关键帧，如图 7-55 所示。单击"时间轴"面板中"模糊半径"属性和"直方图"属性左侧的"在当前时间添加或移除关键帧"按钮■，记录第 3 个关键帧，如图 7-56 所示。

图 7-55

图 7-56

（6）将时间标签放置在 2:14s 的位置，在"效果控件"面板中，设置"模糊半径"属性的数值为 7.0，"输入白色"属性的数值为 94.0，如图 7-57 所示，记录第 4 个关键帧。"合成"面板中的效果如图 7-58 所示。

图 7-57

图 7-58

（7）将时间标签放置在 3:08s 的位置，在"效果控件"面板中设置"模糊半径"属性的数值为 20.0，"输入白色"属性的数值为 58.0，如图 7-59 所示，记录第 5 个关键帧。"合成"面板中的效果如图 7-60 所示。

图 7-59

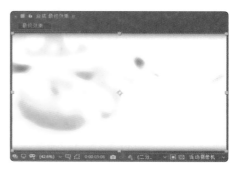

图 7-60

（8）将时间标签放置在 3:18s 的位置，在"效果控件"面板中设置"模糊半径"属性的数值为 0.0，"输入白色"属性的数值为 255.0，如图 7-61 所示，记录第 6 个关键帧。"合成"面板中的效果如图 7-62 所示。

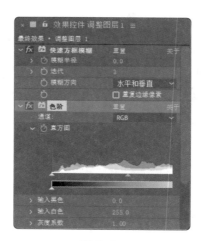

图 7-61

图 7-62

（9）至此，完成第一段素材与第二段素材之间的闪白动画的制作。用同样的方法设置其他素材的闪白动画，如图 7-63 所示。

图 7-63

③ 编辑文字

（1）在"项目"面板中选中"06"文件并将其拖曳到"时间轴"面板中，图层的排列顺序如图 7-64 所示。将时间标签放置在 15:23s 的位置，按 Alt+ [组合键设置动画的入点，"时间轴"面板如图 7-65 所示。

图 7-64

图 7-65

（2）将时间标签放置在 20s 的位置，选择"横排文字"工具 **T** ，在"合成"面板中输入文字"爱上西餐厅"。选中文字，在"字符"面板中设置"填充颜色"为青绿色（其 R、G、B 选项值分别为 76、244、255），在"段落"面板中设置文字的对齐方式为居中，其他设置如图 7-66 所示。"合成"面板中的效果如图 7-67 所示。

（3）选中"爱上西餐厅"图层，把该图层拖曳到调整图层的下方，选择"效果 > 透视 > 投影"命令，在"效果控件"面板中进行设置，如图 7-68 所示。"合成"面板中的效果如图 7-69 所示。

图 7-66

图 7-67

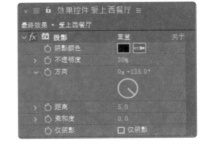

图 7-68

（4）将时间标签放置在 16:16s 的位置，选择"窗口 > 效果和预设"命令，弹出"效果和预设"面板，展开"动画预设"属性，双击"Text > Animate In > 解码淡入"，为文字图层自动添加动画效果。"合成"面板中的效果如图 7-70 所示。

图 7-69

图 7-70

（5）将时间标签放置在 18:05s 的位置，选中"爱上西餐厅"图层，按 U 键显示所有关键帧，在按住 Shift 键的同时，拖曳第 2 个关键帧到时间标签所在的位置，如图 7-71 所示。

图 7-71

（6）在"项目"面板中选中"07"文件并将其拖曳到"时间轴"面板中，设置图层的混合模式为"屏幕"，图层的排列顺序如图 7-72 所示。将时间标签放置在 18:13s 的位置，选中"07.jpg"图层，按 Alt+ [组合键设置动画的入点，"时间轴"面板如图 7-73 所示。

图 7-72

图 7-73

（7）选中"07.jpg"图层，按 P 键显示"位置"属性，设置"位置"属性的数值为1122.0,380.0，单击"位置"属性左侧的"关键帧自动记录器"按钮，如图 7-74 所示，记录第 1 个关键帧。将时间标签放置在 20s 的位置，设置"位置"属性的数值为 -208.0,380.0，记录第 2 个关键帧，如图 7-75 所示。

（8）选中"07.jpg"图层，按 Ctrl+D 组合键复制图层，按 U 键显示所有关键帧，将时间标签放置在 18:13s 的位置，设置"位置"属性的数值为 159.0,380.0，如图 7-76 所示。将时间标签放置在 20s 的位置，设置"位置"属性的数值为 1606.0,380.0，如图 7-77 所示。

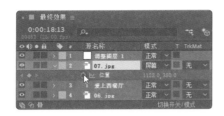

图7-74

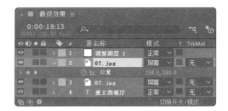

图7-75

图7-76

（9）闪白切换效果制作完成，如图7-78所示。

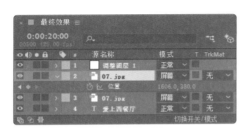

图7-77

图7-78

7.1.4　扩展实践：制作光晕文字效果

使用"卡片擦除"命令制作动感文字，使用"定向模糊""色阶""Shine"命令制作会改变发光颜色的发光效果，使用"镜头光晕"命令添加镜头光晕效果。最终效果参看云盘中的"Ch07 > 制作光晕文字效果 > 制作光晕文字效果"，如图7-79所示。

图7-79

微课

7.1.4 扩展实践

任务 7.2　制作晕染效果

微课

任务 7.2

7.2.1　任务引入

本任务要求读者首先了解色相/饱和度、色阶等After Effects中的常见概念；然后通过使用"查找边缘""色相/饱和度""色阶""高斯模糊"命令，制作唯美的晕染效果。最终效果参看云盘中的"Ch07 > 制作晕染效果 > 制作晕染效果"，如图7-80所示。

图7-80

7.2.2　任务知识：色相/饱和度、色阶

❶　亮度和对比度

"亮度和对比度"效果用于调整画面的亮度和对比度。其可以同时调整所有像素的亮部、暗部和中间色，操作简单有效，但不能调节单一通道。亮度和对比度效果的相关属性如图 7-81 所示。

图 7-81

- 亮度：用于调整亮度，正值为增加亮度，负值为降低亮度。
- 对比度：用于调整对比度，正值为增加对比度，负值为降低对比度。

"亮度和对比度"效果的应用如图 7-82 ～图 7-84 所示。

图 7-82　　　　　　　　　图 7-83　　　　　　　　　图 7-84

❷　曲线

After Effects 中的曲线与 Photoshop 中的曲线功能类似。其可对图像的各个通道进行控制，调节图像的色调范围。可以用 0 ～ 255 的灰阶调节颜色。用色阶也可以完成同样的工作，但是曲线的控制能力更强。"曲线"效果是 After Effects 中非常重要的一个效果，如图 7-85 所示。

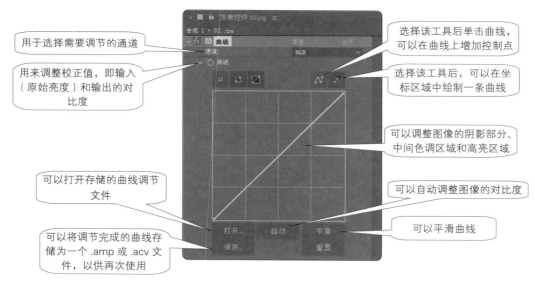

用于选择需要调节的通道

用来调整校正值，即输入（原始亮度）和输出的对比度

可以打开存储的曲线调节文件

可以将调节完成的曲线存储为一个 .amp 或 .acv 文件，以供再次使用

选择该工具后单击曲线，可以在曲线上增加控制点

选择该工具后，可以在坐标区域中绘制一条曲线

可以调整图像的阴影部分、中间色调区域和高亮区域

可以自动调整图像的对比度

可以平滑曲线

图 7-85

❸　色相/饱和度

"色相/饱和度"效果用于调整图像的色调、饱和度和亮度。其应用的效果和"色彩平衡"

效果一样,但颜色相应调整基于色轮。"色相/饱和度"效果的相关属性如图 7-86 所示。

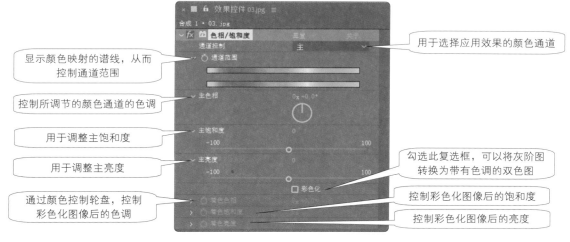

显示颜色映射的谱线,从而控制通道范围

控制所调节的颜色通道的色调

用于调整主饱和度

用于调整主亮度

通过颜色控制轮盘,控制彩色化图像后的色调

用于选择应用效果的颜色通道

勾选此复选框,可以将灰阶图转换为带有色调的双色图

控制彩色化图像后的饱和度

控制彩色化图像后的亮度

图 7-86

提示　"色相/饱和度"效果是 After Effects 中非常重要的效果。其能很方便地更改对象色相属性。在调节颜色的过程中,可以使用色轮来预测图像中相应颜色区域的改变效果,并了解这些更改如何在 RGB 色彩模式间转换。

"色相/饱和度"效果的应用如图 7-87 ~图 7-89 所示。

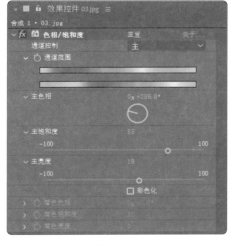

图 7-87　　　　图 7-88　　　　图 7-89

4 颜色平衡

"颜色平衡"效果用于调整图像的色彩平衡。其可以分别调节图像的红、绿、蓝通道,可以调节颜色暗部、中间色调区域和高亮区域的强度。"颜色平衡"效果的相关属性如图 7-90 所示。

- 阴影红色/绿色/蓝色平衡:用于调整 RGB 彩色的阴影范围平衡。
- 中间调红色/绿色/蓝色平衡:用于调整 RGB 彩色的中间亮度范围平衡。

- 高光红色／绿色／蓝色平衡：用于调整 RGB 彩色的高光范围平衡。
- 保持发光度：勾选该复选框可以通过保持图像的平均亮度来保持图像的整体平衡。

"颜色平衡"效果的应用如图 7-91 ～图 7-93 所示。

图 7-90

图 7-91

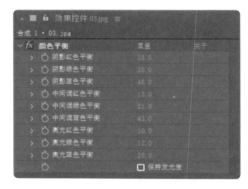

图 7-92

图 7-93

5 色阶

"色阶"效果用于将输入的颜色范围重新映射到输出的颜色范围，还可以改变 Gamma 校正曲线。"色阶"效果主要用于调整影像的质量。"色阶"效果的相关属性如图 7-94 所示。

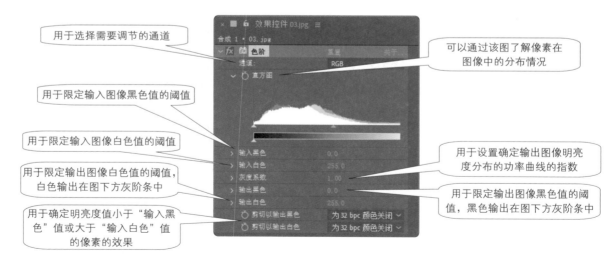

图 7-94

"色阶"效果的应用如图 7-95～图 7-97 所示。

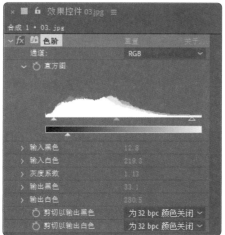

图 7-95   图 7-96   图 7-97

6 高级闪电

"高级闪电"效果可以用来模拟真实的闪电和放电效果，并自动设置动画。"高级闪电"效果的相关属性如图 7-98 所示。

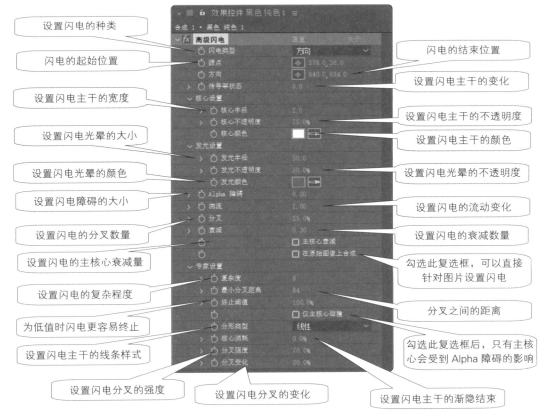

图 7-98

"高级闪电"效果的应用如图 7-99～图 7-101 所示。

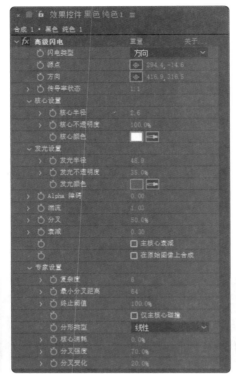

图 7-99

图 7-100

图 7-101

7 镜头光晕

"镜头光晕"效果可以模拟用镜头拍摄发光的物体时，光线经过多个镜头产生的很多光环效果，它是后期制作中经常用于提升画面质量的效果。"镜头光晕"效果的相关属性如图 7-102 所示。

图 7-102

- 光晕中心：设置发光点的中心位置。
- 光晕亮度：设置光晕的亮度。
- 镜头类型：选择镜头的类型，有 50-300 毫米变焦、35 毫米定焦和 105 毫米定焦 3 种选项。
- 与原始图像混合：用于设置当前图层和原素材图像的混合程度。

"镜头光晕"效果的应用如图 7-103 ～图 7-105 所示。

图 7-103

图 7-104

图 7-105

8 单元格图案

"单元格图案"效果可以创建多种类型的类似细胞图案的单元格图案拼合效果。"单元格图案"效果的相关属性如图 7-106 所示。

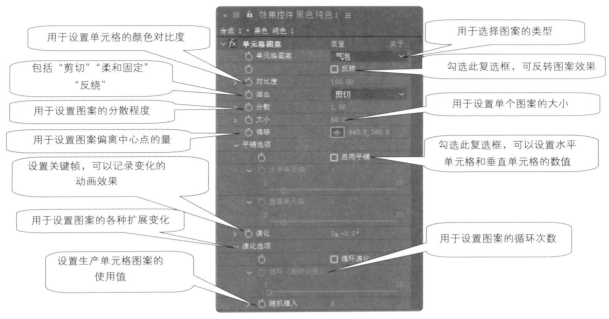

用于设置单元格的颜色对比度

包括"剪切""柔和固定" "反绕"

用于设置图案的分散程度

用于设置图案偏离中心点的量

设置关键帧，可以记录变化的 动画效果

用于设置图案的各种扩展变化

设置生产单元格图案的 使用值

用于选择图案的类型

勾选此复选框，可反转图案效果

用于设置单个图案的大小

勾选此复选框，可以设置水平 单元格和垂直单元格的数值

用于设置图案的循环次数

图 7-106

"单元格图案"效果的应用如图 7-107 ～图 7-109 所示。

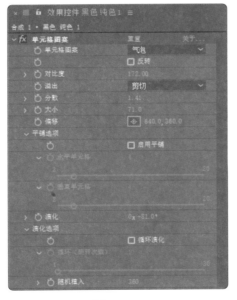

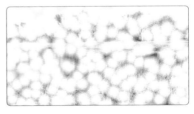

图 7-107   图 7-108   图 7-109

9 棋盘

"棋盘"效果能在图像上创建棋盘格图案。"棋盘"效果的相关属性如图 7-110 所示。

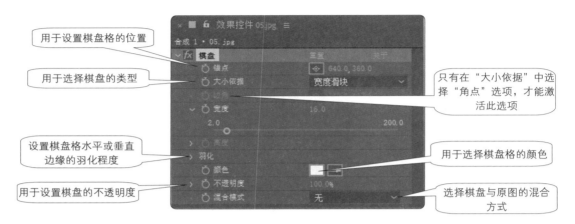

用于设置棋盘格的位置

用于选择棋盘的类型

只有在"大小依据"中选择"角点"选项，才能激活此选项

设置棋盘格水平或垂直边缘的羽化程度

用于选择棋盘格的颜色

用于设置棋盘的不透明度

选择棋盘与原图的混合方式

图 7-110

"棋盘"效果的应用如图 7-111 ～图 7-113 所示。

图 7-111　　　　　　　　　　图 7-112　　　　　　　　　　图 7-113

7.2.3　任务实施

① 导入并编辑素材

（1）打开 After Effects CC 2019，按 Ctrl+N 组合键，弹出"合成设置"对话框，在"合成名称"文本框中输入"最终效果"，其他设置如图 7-114 所示，单击"确定"按钮，创建一个新的合成。

（2）选择"文件 > 导入 > 文件"命令，在弹出的"导入文件"对话框中选择云盘中的"Ch07 > 水墨画效果 >（Footage）> 01、02"文件，单击"导入"按钮，将图片导入"项目"面板中。

（3）在"项目"面板中选中"01"文件并将其拖曳到"时间轴"面板中。按 Ctrl+D 组合键复制图层，单击复制图层左侧的按钮，隐藏该图层，如图 7-115 所示。

（4）选中"图层 2"图层，选择"效果 > 风格化 > 查找边缘"命令，在"效果控件"面板中进行设置，如图 7-116 所示。"合成"面板中的效果如图 7-117 所示。

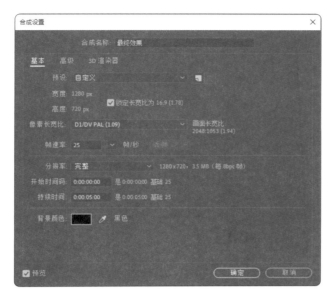

图 7-114

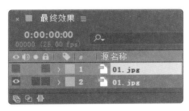

图 7-115

图 7-116

（5）选择"效果 > 颜色校正 > 色相 / 饱和度"命令，在"效果控件"面板中进行设置，如图 7-118 所示。"合成"面板中的效果如图 7-119 所示。

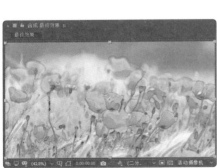

图 7-117

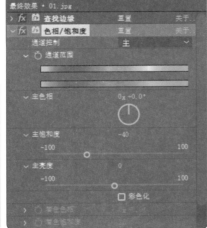

图 7-118

图 7-119

（6）选择"效果 > 颜色校正 > 曲线"命令，在"效果控件"面板中调整曲线，如图 7-120 所示。"合成"面板中的效果如图 7-121 所示。

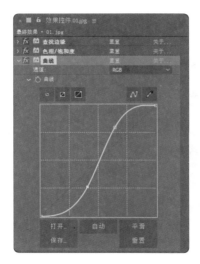

图 7-120

图 7-121

（7）选择"效果 > 模糊和锐化 > 高斯模糊"命令，在"效果控件"面板中进行设置，如图 7-122 所示。"合成"面板中的效果如图 7-123 所示。

图 7-122

图 7-123

2 制作水墨画效果

（1）在"时间轴"面板中单击"图层 1"图层左侧的 按钮，显示该图层。按 T 键显示"不透明度"属性，设置"不透明度"属性的数值为 70%，图层的混合模式为"相乘"，如图 7-124 所示。"合成"面板中的效果如图 7-125 所示。

图 7-124

图 7-125

（2）选择"效果 > 风格化 > 查找边缘"命令，在"效果控件"面板中进行设置，如图 7-126 所示。"合成"面板中的效果如图 7-127 所示。

图 7-126

图 7-127

（3）选择"效果 > 颜色校正 > 色相 / 饱和度"命令，在"效果控件"面板中进行设置，如图 7-128 所示。"合成"面板中的效果如图 7-129 所示。

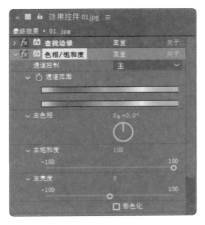

图 7-128

图 7-129

（4）选择"效果 > 颜色校正 > 曲线"命令，在"效果控件"面板中调整曲线，如图 7-130 所示。"合成"面板中的效果如图 7-131 所示。

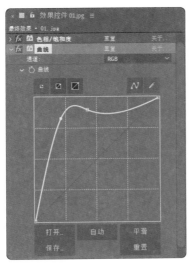

图 7-130

图 7-131

（5）选择"效果 > 模糊和锐化 > 快速方框模糊"命令，在"效果控件"面板中进行设置，如图 7-132 所示。"合成"面板中的效果如图 7-133 所示。

图 7-132

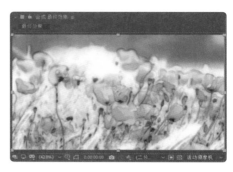

图 7-133

（6）在"项目"面板中，选中"02"文件并将其拖曳到"时间轴"面板中，按 P 键显示"位置"属性，设置"位置"属性的数值为 910.0,300.0，如图 7-134 所示。水墨画效果制作完成，如图 7-135 所示。

图 7-134

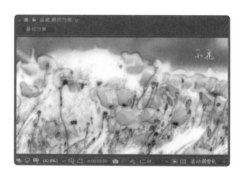

图 7-135

7.2.4　扩展实践：制作光芒透视效果

使用"单元格图案""亮度和对比度""快速方框模糊""发光"命令制作光芒形状，利用"3D 图层"属性编辑透视效果。最终效果参看云盘中的"Ch07 > 制作光芒透视效果 > 制作光芒透视效果"，如图 7-136 所示。

图 7-136

微课

7.2.4 扩展实践

任务 7.3　制作光芒放射效果

微课

任务 7.3

7.3.1　任务引入

本任务要求读者首先了解极坐标、分形杂色等 After Effects CC 2019 中的常见概念；然后通过使用“分形杂色”“定向模糊”“色相/饱和度”“发光” “极坐标”命令制作光芒放射效果。最终效果参看云盘中的“Ch07 > 制作光芒放射效果 > 制作光芒放射效果”，如图 7-137 所示。

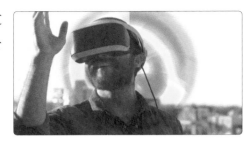

图 7-137

7.3.2 任务知识：极坐标、分形杂色

1 凸出

“凸出”效果可以模拟透过气泡或放大镜观看图像时产生的放大效果。“凸出”效果的相关属性如图 7-138 所示。

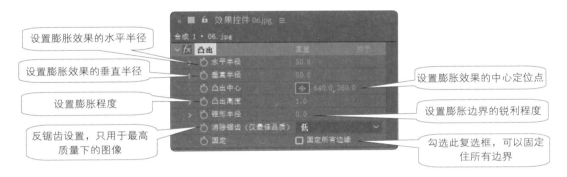

效果控件 06.jpg
合成 1 • 06.jpg
凸出
水平半径 50.0
垂直半径 50.0
凸出中心 640.0,360.0
凸出高度 1.0
锥形半径 0.0
消除锯齿（仅最佳品质） 低
固定 固定所有边缘
设置膨胀效果的水平半径
设置膨胀效果的垂直半径
设置膨胀程度
反锯齿设置，只用于最高质量下的图像
设置膨胀效果的中心定位点
设置膨胀边界的锐利程度
勾选此复选框，可以固定住所有边界

图 7-138

“凸出”效果的应用如图 7-139 ～图 7-141 所示。

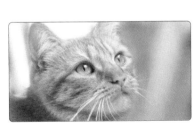

图 7-139

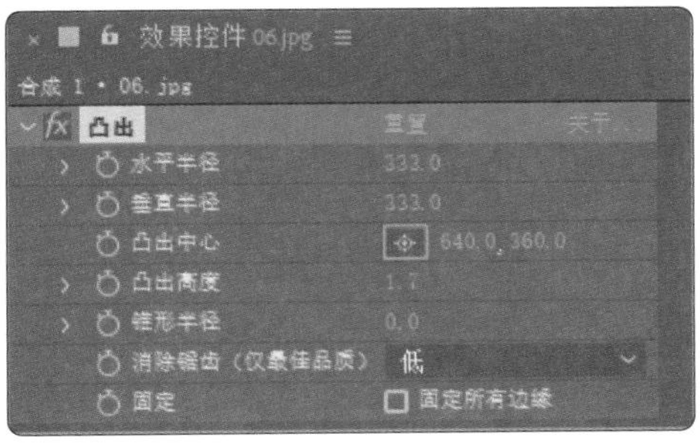

效果控件 06.jpg
合成 1 • 06.jpg
凸出
水平半径 333.0
垂直半径 333.0
凸出中心 640.0,360.0
凸出高度 1.7
锥形半径 0.0
消除锯齿（仅最佳品质） 低
固定 固定所有边缘

图 7-140

图 7-141

2 边角定位

“边角定位”效果通过改变图像 4 个角的位置来使图像变形，可根据需要来定位角点。该效果可以拉伸、收缩、倾斜和扭曲图形，也可以用来模拟透视效果，还可以和运动遮罩层相结合，形成画中画的效果。“边角定位”效果的相关属性如图 7-142 所示。

“边角定位”效果的应用如图 7-143 所示。

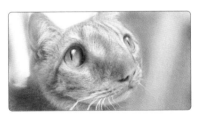

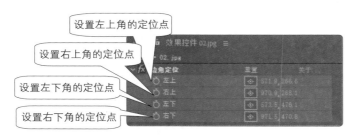

图 7-142　　　　　　　　　　　　　　　图 7-143

③ 网格变形

"网格变形"效果使用网格化的曲线切片控制图像的变形区域。通常，在确定好网格数量之后，在合成图像中拖曳网格的节点来完成该效果的调整。"网格变形"效果的相关属性如图 7-144 所示。

图 7-144

"网格变形"效果的应用如图 7-145 ～图 7-147 所示。

图 7-145　　　　　　　　　　图 7-146　　　　　　　　　　图 7-147

④ 极坐标

"极坐标"效果用来将图像的直角坐标转换为极坐标，以产生扭曲效果。"极坐标"效果的相关属性如图 7-148 所示。

图 7-148

"极坐标"效果的应用如图 7-149 ～图 7-151 所示。

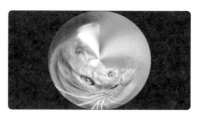

图 7-149   图 7-150   图 7-151

5 置换图

"置换图"效果用一张作为映射层的图像的像素来置换原图像的像素，通过映射像素的颜色值将图层变形，变形分为水平和垂直两个方向。"置换图"效果的相关属性如图 7-152所示。

图 7-152

"置换图"效果的应用如图 7-153 ～图 7-155 所示。

图 7-153

图 7-154

图 7-155

6　分形杂色

"分形杂色"效果可以模拟烟、云、水流等纹理图案。"分形杂色"效果的相关属性如图 7-156 所示。

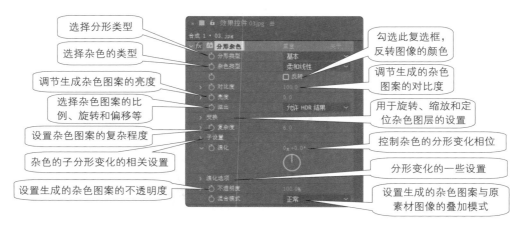

图 7-156

"分形杂色"效果的应用如图 7-157 ～图 7-159 所示。

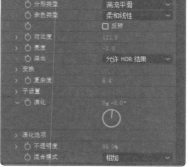

图 7-157　　　　　　　　　　图 7-158　　　　　　　　　　图 7-159

7　中间值（旧版）

"中间值（旧版）"效果使用指定半径范围内的像素的平均值来取代像素值。指定值较低时，该效果可以用来减少画面中的杂点；取高值时，会产生一种绘画效果。"中间值（旧版）"效果的相关属性如图 7-160 所示。

图 7-160

"中间值（旧版）"效果的应用如图 7-161 ～图 7-163 所示。

图 7-161   图 7-162   图 7-163

8 移除颗粒

"移除颗粒"效果可以移除杂点或颗粒。"移除颗粒"效果的相关属性如图 7-164 所示。

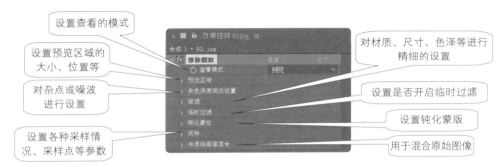

图 7-164

"移除颗粒"效果的应用如图 7-165 ～图 7-167 所示。

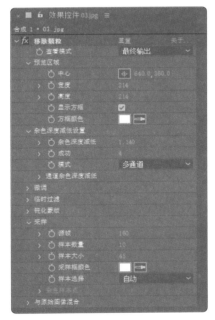

图 7-165   图 7-166   图 7-167

9 泡沫

"泡沫"效果可生成流动、黏附和弹出的气泡。"泡沫"效果的相关属性如图 7-168 所示。

"制作者"属性组的相关属性，如图 7-169 所示。

选择"泡沫"效果的显示方式

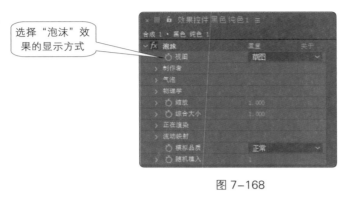

图 7-168

控制发射器的位置

控制发射器的大小

用于旋转发射器，使气泡产生旋转效果

勾选此复选框，可缩放发射器的位置

控制发射速度

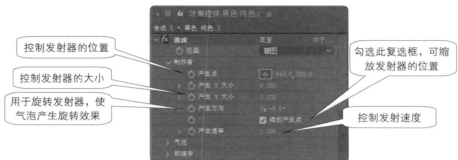

图 7-169

"气泡"属性组的相关属性如图 7-170 所示。

控制气泡粒子的尺寸

控制气泡粒子的大小差异

控制每个气泡粒子生长的速度，即气泡粒子从产生到变为最终大小的时间

控制每个气泡粒子的生命值

控制气泡粒子效果的强度

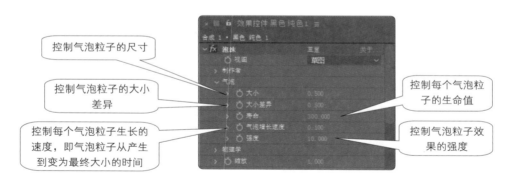

图 7-170

"物理学"属性组的相关属性，如图 7-171 所示。

控制粒子的初始速度

控制粒子的初始方向

控制粒子的混乱度

控制粒子的摇摆强度

控制粒子的总速率

控制粒子间的黏着程度

控制影响粒子的风速

控制风的方向

用于在粒子间产生排斥力

控制粒子的黏度

对粒子效果进行缩放

控制粒子效果的综合尺寸

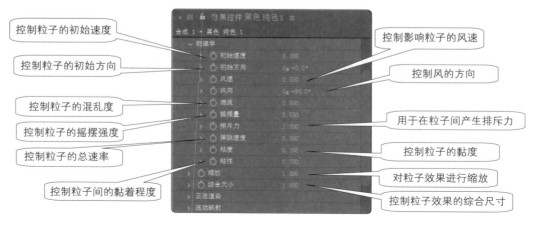

图 7-171

"正在渲染"属性组的相关属性，如图 7-172 所示。

控制粒子间的混合模式
选择气泡粒子的材质
选择气泡的方向
控制反射的强度

指定用作气泡图像的图层
所有的气泡粒子都可以对周围的环境进行反射
控制反射的融合度

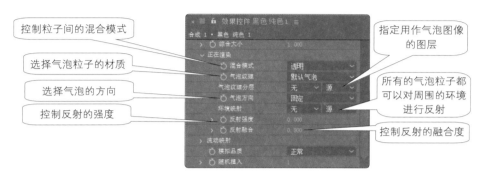

图 7-172

"流动映射"属性组的相关属性如图 7-173 所示。

选择对气泡粒子效果产生影响的目标图层
控制参考图对气泡粒子的影响
选择参考图的大小

选择气泡粒子的仿真质量

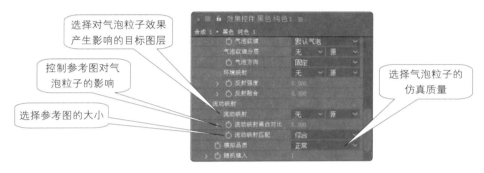

图 7-173

"泡沫"效果的应用如图 7-174 ～图 7-176 所示。

图 7-174

图 7-175

图 7-176

⑩ 查找边缘

"查找边缘"效果通过强化过渡像素来产生彩色线条。"查找边缘"效果的相关属性如图 7-177 所示。

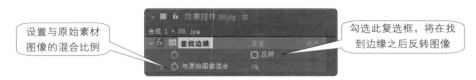

设置与原始素材图像的混合比例
效果控件 08.jpg
合成 1 • 08.jpg
查找边缘
反转
与原始图像混合
0%
勾选此复选框，将在找到边缘之后反转图像

图 7–177

“查找边缘”效果的应用如图 7-178 ～图 7-180 所示。

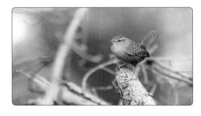

图 7–178

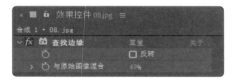

效果控件 08.jpg
合成 1 • 08.jpg
查找边缘
反转
与原始图像混合
49%

图 7–179

图 7–180

11 发光

“发光”效果经常用于图像中的文字和带有 Alpha 通道的图像，制作发光或光晕效果。“发光”效果的相关属性如图 7-181 所示。

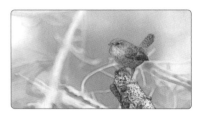

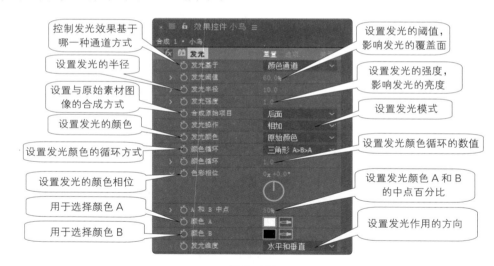

控制发光效果基于哪一种通道方式
设置发光的半径
设置与原始素材图像的合成方式
设置发光的颜色
设置发光颜色的循环方式
设置发光的颜色相位
用于选择颜色 A
用于选择颜色 B
效果控件 小鸟
合成 1 • 小鸟
发光
发光基于
颜色通道
发光阈值
60.0%
发光半径
10.0
发光强度
1.0
合成原始项目
后面
发光操作
相加
发光颜色
原始颜色
颜色循环
三角形 A>B>A
颜色循环
1.0
色彩相位
0x+0.0°
A 和 B 中点
50%
颜色 A
颜色 B
发光维度
水平和垂直
设置发光的阈值，影响发光的覆盖面
设置发光的强度，影响发光的亮度
设置发光模式
设置发光颜色循环的数值
设置发光颜色 A 和 B 的中点百分比
设置发光作用的方向

图 7–181

“发光”效果的应用如图 7-182 ～图 7-184 所示。

小鸟

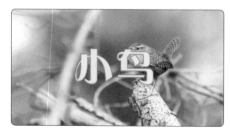

图 7–182

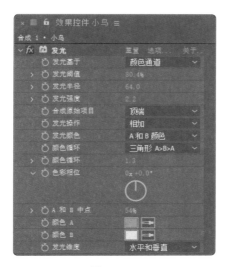

图 7-183   图 7-184

7.3.3 任务实施

（1）打开 After Effects CC 2019，按 Ctrl+N 组合键，弹出"合成设置"对话框，在"合成名称"文本框中输入"最终效果"，其他设置如图 7-185 所示，单击"确定"按钮，创建一个新的合成。

（2）选择"文件 > 导入 > 文件"命令，在弹出的"导入文件"对话框中选择云盘中的"Ch07 > 制作光芒放射效果 > (Footage) > 01"文件，单击"导入"按钮，将视频导入"项目"面板中。

（3）在"项目"面板中选中"01"文件，将其拖曳到"时间轴"面板中，按 S 键显示"缩放"属性，设置"缩放"属性的数值为 67.0,67.0%，如图 7-186 所示。

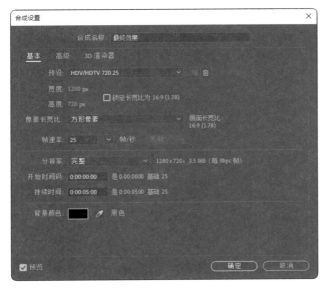

图 7-185   图 7-186

（4）选择"图层 > 新建 > 纯色"命令，弹出"纯色设置"对话框，在"名称"文本框中输入"放射光芒"，将"颜色"设置为黑色，单击"确定"按钮，即可在"时间轴"面板中新增一个黑色图层，如图 7-187 所示。

（5）选中"放射光芒"图层，选择"效果 > 杂波和颗粒 > 分形杂色"命令，在"效果控件"面板中进行设置，如图 7-188 所示。"合成"面板中的效果如图 7-189 所示。

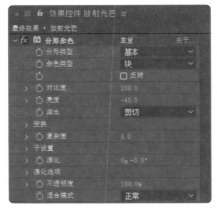
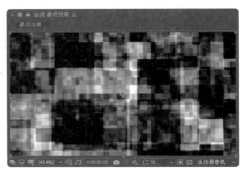

图 7-187　　　　　　　　　　图 7-188　　　　　　　　　　图 7-189

（6）将时间标签放置在 0s 的位置，在"效果控件"面板中单击"演化"属性左侧的"关键帧自动记录器"按钮，如图 7-190 所示，记录第 1 个关键帧。将时间标签放置在 4:24s 的位置，在"效果控件"面板中设置"演化"属性的数值为 10x+0.0°，如图 7-191 所示，记录第 2 个关键帧。

（7）将时间标签放置在 0s 的位置，选中"放射光芒"图层，选择"效果 > 模糊和锐化 > 定向模糊"命令，在"效果控件"面板中进行设置，如图 7-192 所示。

图 7-190　　　　　　　　　　图 7-191　　　　　　　　　　图 7-192

（8）选择"效果 > 颜色校正 > 色相 / 饱和度"命令，在"效果控件"面板中进行设置，如图 7-193 所示。

（9）选择"效果 > 风格化 > 发光"命令，在"效果控件"面板中设置"颜色 A"为蓝色（其 R、G、B 的值分别为 36、98、255），设置"颜色 B"为黄色（其 R、G、B 的值分别为 255、234、0），其他设置如图 7-194 所示。

（10）选择"效果 > 扭曲 > 极坐标"命令，在"效果控件"面板中进行设置，如图 7-195 所示。

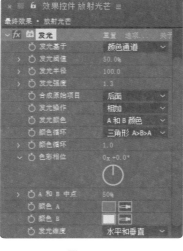

图 7-193　　　　　　　　　　　图 7-194　　　　　　　　　　　图 7-195

（11）在"时间轴"面板中，设置"放射光芒"图层的混合模式为"相乘"，按 S 键显示"缩放"属性，设置"缩放"属性的数值为 65.0,65.0%；在按住 Shift 键的同时，按 T 键显示"不透明度"属性，设置"不透明度"属性的数值为 75%；在按住 Shift 键的同时，按 P 键显示"位置"属性，设置"位置"属性的数值为 647.0,386.0，如图 7-196 所示。光芒放射效果制作完成，如图 7-197 所示。

图 7-196　　　　　　　　　　　　　　　　　　图 7-197

7.3.4　扩展实践：制作气泡效果

使用"泡沫"命令制作气泡并编辑其属性。最终效果参看云盘中的"Ch07 > 制作气泡效果 > 制作气泡效果"，如图 7-198 所示。

微课

7.3.4 扩展实践

图 7-198

任务 7.4　项目演练：制作保留颜色效果

　　本任务要求制作保留颜色效果，可使用"曲线""保留颜色""色相 / 饱和度"命令调整图像局部的颜色效果，使用"横排文字"工具输入文字。最终效果参看云盘中的"Ch07 > 制作保留颜色效果 > 制作保留颜色效果"，如图 7-199 所示。

微课

任务 7.4

图 7-199

项目8

掌握跟踪应用
——创建跟踪与表达式

08

本项目对After Effects中的"跟踪与表达式"进行介绍，重点讲解运动跟踪中的单点跟踪和多点跟踪，以及表达式的创建和编辑。通过本项目的学习，读者可以制作影片自动生成的动画，完成最终的影片效果。

学习引导

知识目标
- 了解单点跟踪和多点跟踪
- 了解表达式的属性

能力目标
- 熟练掌握单点跟踪和多点跟踪的创建方法
- 掌握表达式的创建及应用方法

素养目标
- 培养严谨、细致的工作习惯

实训项目
- 制作眼部追光效果
- 制作放大镜效果

任务 8.1　制作眼部追光效果

8.1.1　任务引入

本任务要求读者首先了解单点跟踪和多点跟踪的特点；然后通过使用"空对象"命令新建空图层，使用"跟踪器"命令添加跟踪点，制作眼部追光效果，营造青春洋溢、积极向上的氛围。最终效果参看云盘中的"Ch08 > 制作眼部追光效果 > 制作眼部追光效果"，如图 8-1 所示。

图 8-1

8.1.2　任务知识：单点跟踪和多点跟踪

1　单点跟踪

在某些合成效果中，可能需要让某种效果跟踪另外一个物体运动，从而创建出想要的效果。例如，跟踪高尔夫球的单独一个点的运动轨迹，使调节层图与高尔夫球的运动轨迹相同，实现合成效果，如图 8-2 所示。

选择"动画 > 跟踪运动"或"窗口 > 跟踪器"命令，弹出"跟踪器"面板，在"图层"面板中显示当前图层。设置"跟踪类型"为"变换"，制作单点跟踪效果。在该面板中还可以设置"跟踪摄像机""变形稳定器""跟踪运动""稳定运动""运动源""当前跟踪""跟踪类型""位置""旋转""缩放""编辑目标""选项""分析""重置""应用"等，如图 8-3 所示。

图 8-2

图 8-3

② 多点跟踪

在某些影片的合成过程中，经常需要将动态影片中的某一部分图像设置成其他图像，并生成跟踪效果，从而制作出想要的效果。例如，将一段影片与另一个指定的图像进行置换合成，通过跟踪标牌上的 4 个点的运动轨迹，使指定的置换图像与标牌的运动轨迹相同，实现合成效果，合成前与合成后的效果分别如图 8-4 和图 8-5 所示。

图 8-4　　　　　　　　　　　　　　　　　图 8-5

多点跟踪效果的设置与单点跟踪效果的设置大部分相同，设置"跟踪类型"为"透视边角定位"后，在"图层"面板中，会由原来的定义 1 个跟踪点，变成定义 4 个跟踪点的位置制作多点跟踪效果，如图 8-6 所示。

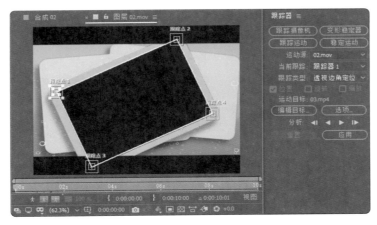

图 8-6

8.1.3　任务实施

（1）打开 After Effects CC 2019，按 Ctrl+N 组合键，弹出"合成设置"对话框，在"合成名称"文本框中输入"最终效果"，其他设置如图 8-7 所示，单击"确定"按钮，创建一个新的合成。选择"文件 > 导入 > 文件"命令，在弹出的"导入文件"对话框中选择云盘中的"Ch08 > 制作眼部追光效果 > (Footage) > 01"文件，单击"导入"按钮，将视频文件导入"项目"面板中。

（2）在"项目"面板中选中"01"文件并将其拖曳到"时间轴"面板中，按 S 键显示"缩放"属性，设置"缩放"属性的数值为 67.0,67.0%，如图 8-8 所示。

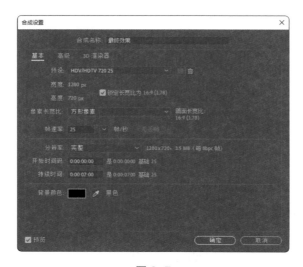

图 8-7

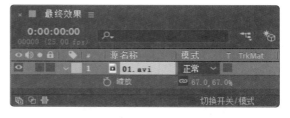

图 8-8

（3）选择"图层 > 新建 > 空对象"命令，在"时间轴"面板中新增一个"空 1"图层。按 S 键显示"缩放"属性，设置"缩放"属性的数值为 67.0,67.0%；按住 Shift 键的同时按 A 键，显示"锚点"属性，设置"锚点"属性的数值为 48.0,52.0，如图 8-9 所示。

（4）选择"窗口 > 跟踪器"命令，弹出"跟踪器"面板。选中"01.avi"图层，在"跟踪器"面板中，单击"跟踪运动"按钮，让面板处于激活状态，如图 8-10 所示。"合成"面板中的效果如图 8-11 所示。

图 8-9

图 8-10

图 8-11

（5）拖曳控制点到运动员眉心的位置处，如图 8-12 所示。在"跟踪器"面板中单击"向前分析"按钮▶自动进行跟踪计算，如图 8-13 所示。

（6）在"跟踪器"面板中单击"应用"按钮，弹出"动态跟踪器应用选项"对话框，单击"确定"按钮，如图 8-14 所示。

（7）选中"01.avi"图层，按 U 键显示所有关键帧，可以看到控制点经过跟踪计算后产生的一系列关键帧，如图 8-15 所示。

（8）选中"空 1"图层，按 U 键显示所有关键帧，同样可以看到跟踪后产生的一系列关键帧，如图 8-16 所示。眼部追光效果制作完成。

图 8-12

图 8-13

图 8-14

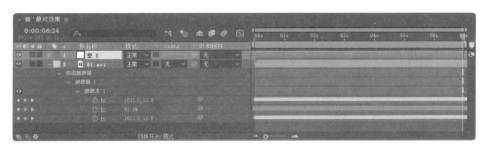

图 8-15

图 8-16

8.1.4 扩展实践：制作多点跟踪效果

使用"跟踪器"命令编辑多个跟踪点改变不同的位置。最终效果参看云盘中的"Ch08 > 制作多点跟踪效果 > 制作多点跟踪效果"，如图 8-17 所示。

图 8-17

微课

8.1.4 扩展实践

任务 8.2 制作放大镜效果

微课

8.2 任务 8.2

8.2.1 任务引入

本任务要求读者首先了解如何创建和编写表达式；然后通过使用"导入"命令导入图片，

使用"向后平移（锚点）"工具改变中心点位置效果，使用"球面化"命令制作球面效果，使用"添加表达式"命令制作放大镜效果，以贴合形象、有趣的动画氛围。最终效果参看云盘中的"Ch08 > 制作放大镜效果 > 制作放大镜效果"，如图 8-18 所示。

图 8-18

8.2.2　任务知识：创建和编写表达式

1　创建表达式

在"时间轴"面板中选择一个需要添加表达式的控制属性，选择"动画 > 添加表达式"命令激活该属性，如图 8-19 所示。属性被激活后，可以在该属性条中直接输入表达式以覆盖现有的文字，添加了表达式的属性会自动增加启用开关▤、显示图表▨、表达式拾取◎和语言菜单▶等工具，如图 8-20 所示。

图 8-19

图 8-20

编写、添加表达式的操作都在"时间轴"面板中完成，当将一个图层属性的表达式添加到"时间轴"面板中时，一个默认的表达式会出现在该属性下方的表达式编辑区中，在这个表达式编辑区中可以输入新的表达式或修改表达式的值。许多表达式依赖于图层名或属性名，如果改变一个表达式所在图层的属性名或图层名，那么这个表达式可能会出现错误。

② 编写表达式

可以在"时间轴"面板中的表达式编辑区中直接编写表达式，也可以用其他文本工具编写表达式。在其他文本工具中编写表达式，只需将表达式复制粘贴到表达式编辑区中。在编写表达式时，可能需要用到一些 JavaScript 语法知识和数学基础知识。

编写表达式需要注意以下事项：JavaScript 语句区分大小写；一段或一行代码后需要加";"号，使词间空格被忽略。

在 After Effects 中，可以用表达式语句访问属性值。访问属性值时，用"."号将属性连接起来。例如，连接 Effect、masks、文字动画，可以用"()"符号；将图层 A 的 Opacity 属性连接到图层 B 的高斯模糊的 Blurriness 属性，可以在图层 A 的 Opacity 属性下面输入如下表达式。

thisComp.layer("layer B").effect("Gaussian Blur") ("Blurriness")。

表达式的默认对象是表达式中对应的属性，接着是图层中内容的表达，因此没有必要指定属性。

例如，在图层的"位置"属性上编写摆动表达式可以用如下两条语句。

wiggle(5,10)

position.wiggle(5,10)

表达式中可以包含图层及其属性。例如，将图层 B 的 Opacity 属性与图层 A 的 Position 属性相连的表达式如下。

thisComp.layer(layerA).position[0].wiggle(5,10)

为属性添加表达式后，可以连续对属性创建关键帧并进行编辑。创建或编辑的关键帧的值将在表达式以外的地方使用。当表达式存在时，可以用下面的方法创建关键帧，表达式仍将保持有效状态。

编写好表达式后，可以将它存储，以便将来复制粘贴，还可以在记事本中编辑表达式。但是表达式是针对图层编写的，不允许简单地将表达式存储和装载到一个项目中。若要存储表达式以便用于其他项目，可能要添加注解或存储整个项目文件。

8.2.3 任务实施

（1）打开 After Effects CC 2019，按 Ctrl+N 组合键，弹出"合成设置"对话框，在"合成名称"文本框中输入"最终效果"，其他设置如图 8-21 所示，单击"确定"按钮，创建一个新的合成。

（2）选择"导入 > 文件 > 导入"命令，在弹出的"导入文件"对话框中选择云盘中的

"Ch08 > 制作放大镜效果 > (Footage) > 01、02"文件，单击"导入"按钮，将图片导入"项目"面板中。

（3）在"项目"面板中选中"01""02"文件，并将它们拖曳到"时间轴"面板中，图层的排列顺序如图 8-22 所示。

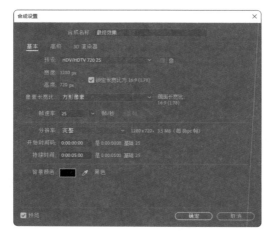

图 8-21

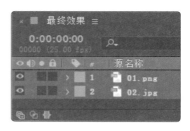

图 8-22

（4）选中"01.png"图层，选择"向后平移（锚点）"工具，在"合成"面板中按住鼠标左键拖曳，调整放大镜的中心点位置，效果如图 8-23 所示。

（5）将时间标签放置在 0s 的位置，按 P 键显示"位置"属性，设置"位置"属性的数值为 318.5,194.7，单击"位置"属性左侧的"关键帧自动记录器"按钮，如图 8-24 所示，记录第 1 个关键帧。

图 8-23

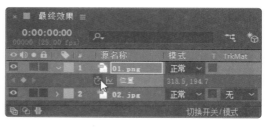

图 8-24

（6）将时间标签放置在 2s 的位置，设置"位置"属性的数值为 496.8,591.0，如图 8-25 所示，记录第 2 个关键帧。将时间标签放置在 4s 的位置，设置"位置"属性的数值为 769.4,293.8，如图 8-26 所示，记录第 3 个关键帧。

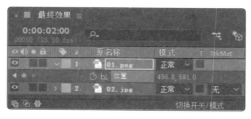

图 8-25

图 8-26

（7）将时间标签放置在 0s 的位置，选中"01.png"图层，按 R 键显示"旋转"属性，单击"旋转"属性左侧的"关键帧自动记录器"按钮 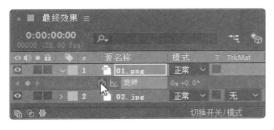，记录第 1 个关键帧，如图 8-27 所示。将时间标签放置在 2s 的位置，设置"旋转"选项的数值为 0x+48.0°，记录第 2 个关键帧，如图 8-28 所示。

图 8-27　　　　　　　　　　　　　　　　　图 8-28

（8）将时间标签放置在 4s 的位置，设置"旋转"属性的数值为 0x-39.0°，如图 8-29 所示，记录第 3 个关键帧。"合成"面板中的效果如图 8-30 所示。

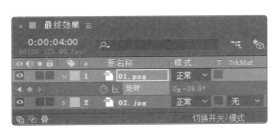

图 8-29　　　　　　　　　　　　　　　　　图 8-30

（9）将时间标签放置在 0s 的位置，选中"02.jpg"图层，选择"效果 > 扭曲 > 球面化"命令，在"效果控件"面板中进行设置，如图 8-31 所示。"合成"面板中的效果如图 8-32 所示。

图 8-31　　　　　　　　　　　　　　　　　图 8-32

（10）在"时间轴"面板中显示"球面化"属性，选择"球面中心"选项，选择"动画 > 添加表达式"命令，为"球面中心"属性添加一个表达式。在"时间轴"面板右侧输入表达式代码：thisComp.layer（"01.png"）.position，如图 8-33 所示。

图 8-33

（11）放大镜效果制作完成，如图 8-34 所示。

图 8-34

8.2.4 扩展实践：制作时钟效果

使用"导入"命令导入素材文件，使用"旋转"属性制作旋转动画，使用"跟踪器"命令添加跟踪点。最终效果参看云盘中的"Ch08 > 制作时钟效果 > 制作时钟效果"，如图 8-35 所示。

微课

8.2.4 扩展实践

图 8-35

任务 8.3　项目演练：制作对象运动跟踪效果

本任务要求制作对象运动跟踪效果，可使用"导入"命令导入视频文件，使用"跟踪器"命令编辑多个跟踪点改变不同的位置。最终效果参看云盘中的"Ch08 > 制作对象运动跟踪效果 > 制作对象运动跟踪效果"，如图 8-36 所示。

微课

任务 8.3

图 8-36

项目9

掌握抠像应用
——制作抠像效果

09

本项目对After Effects中的抠像功能进行详细讲解，包括颜色差值键抠像、颜色键抠像、颜色范围抠像、差值遮罩抠像、提取抠像、内外抠像、线性颜色键抠像、亮度键抠像、高级溢出压制器抠像等内容。通过本项目的学习，读者可以自如地应用抠像功能进行创作。

学习引导

知识目标
- 了解抠像的概念
- 了解不同的抠像效果

能力目标
- 熟练掌握多种抠像效果的使用方法
- 掌握外挂抠像的使用方法

素养目标
- 培养在视频中应用抠像效果的意识

实训项目
- 制作数码家电广告效果
- 制作旅游广告效果

任务 9.1　制作数码家电广告效果

9.1.1　任务引入

本任务要求读者首先了解几种抠像效果及其使用方法；然后通过使用"颜色差值键"命令修复图片效果，使用"位置"属性设置图片的位置，使用"不透明度"属性制作图片动画效果，实现风格清爽、颜色鲜亮的数码家电广告制作。最终效果参看云盘中的"Ch09 > 制作数码家电广告效果 > 制作数码家电广告效果"，如图 9-1 所示。

图 9-1

9.1.2　任务知识：颜色差值键、颜色键和亮度键

❶ 颜色差值键

使用"颜色差值键"效果把图像划分为两个蒙版透明效果。局部蒙版 B 使指定的抠像颜色变透明，局部蒙版 A 使图像中不包含第二种不同颜色的区域变透明。将这两种蒙版效果联合起来就可以得到最终的第三种蒙版效果，即让背景变透明。

"颜色差值键"效果的左侧缩略图表示原始图像，右侧缩略图表示蒙版效果，📷工具用于在原始图像缩略图中拾取抠像的颜色，📷工具用于在蒙版缩略图中拾取透明区域的颜色，📷工具用于在蒙版缩略图中拾取不透明区域的颜色，如图 9-2 所示。

图 9-2

② 颜色键

使用"颜色键"效果可抠出与指定的主色相似的图像像素。"颜色键"效果的相关属性如图 9-3 所示。

通过吸管工具拾取透明区域的颜色

用于调节与抠像颜色匹配的颜色范围

减少所选区域边缘的像素值

设置抠像区域的边缘以产生柔和的羽化效果

图 9-3

③ 颜色范围

使用"颜色范围"效果可以去除 Lab、YUV 和 RGB 模式中指定的颜色范围来创建透明效果。用户可以对由多种颜色组成的图像，如光照不均匀并且包含同种颜色阴影的蓝色或绿色图像应用该效果，如图 9-4 所示。

设置选区边缘的模糊量

设置颜色之间的距离

对图层的透明区域进行微调

图 9-4

④ 差值遮罩

使用"差值遮罩"效果可以对比源图层和对比图层的颜色值，将源图层中与对比图层颜色相同的像素删除，从而创建透明效果。该效果的典型应用是将一个复杂背景中的运动物体合成到其他场景中，通常情况下，对比图层采用源图层的背景图像。"差值遮罩"效果的相关属性如图 9-5 所示。

设置作为对比层的图层

设置对比层与源图层的匹配方式

细微模糊两个控制层中的颜色噪点

设置图层之间的颜色匹配程度，指定透明度数量

用于柔化透明和不透明区域之间的边缘

图9-5

5 提取

"提取"效果通过指定图像的亮度范围来创建透明效果。图像中所有与指定的亮度相似的像素都将被删除。该效果可以应用在有黑色或白色背景的图像，或者是包含多种颜色的黑暗或明亮的背景图像上，该效果还可以用来删除影片中的阴影，如图9-6所示。

图9-6

6 内部/外部键

"内部/外部键"效果通过图层的蒙版路径来确定要抠出的物体边缘，从而把前景物体从它的背景中抠出来。利用该效果可以将具有不规则边缘的物体从它的背景中分离出来，这里使用的蒙版路径可以十分粗略，不一定正好在物体的边缘处，如图9-7所示。

图9-7

❼ 线性颜色键

"线性颜色键"效果既可以用来抠像，又可以用来保护不应删除的颜色区域，避免误删除，其属性设置如图9-8所示。如果从图像中抠出的物体包含被抠像颜色，则对其进行抠像时，这些区域可能也会变成透明区域，这时为图像应用该效果，然后设置"主要操作"属性 为"保持颜色"，即可找回不该删除的部分。

图 9-8

❽ 亮度键

"亮度键"效果是根据图层的亮度对图像进行抠像处理，可以将图像中具有指定亮度的所有像素都删除，从而创建透明效果，且图像质量不会影响抠像效果，如图9-9所示。

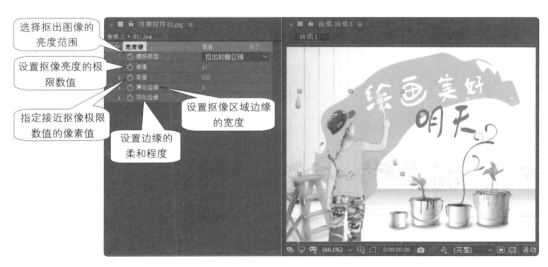

图 9-9

❾ 高级溢出抑制器

使用"高级溢出抑制器"效果可以去除键控后图像上残留的键控色的痕迹，消除图像边缘溢出的键控色，如图9-10所示。这些溢出的键控色常常是背景的反射造成的。

图 9-10

9.1.3　任务实施

（1）打开 After Effects CC 2019，按 Ctrl+N 组合键，弹出"合成设置"对话框，在"合成名称"文本框中输入"抠像"，其他设置如图 9-11 所示，单击"确定"按钮，创建一个新的合成。选择"文件 > 导入 > 文件"命令，弹出"导入文件"对话框，选择云盘中的"Ch09 > 制作数码家电广告效果 > (Footage) > 01、02"文件，单击"导入"按钮，导入图片。

（2）在"项目"面板中选中"02"文件并将其拖曳到"时间轴"面板中。"合成"面板中的效果如图 9-12 所示。

图 9-11

图 9-12

（3）选中"02.jpg"图层，选择"效果 > 抠像 > 颜色差值键"命令，选择"主色"属性右侧的吸管工具，如图 9-13 所示，吸取背景素材上的蓝色。"合成"面板中的效果如图 9-14 所示。

图 9-13 图 9-14

（4）在"效果控件"面板中进行设置，如图 9-15 所示。"合成"面板中的效果如图 9-16 所示。

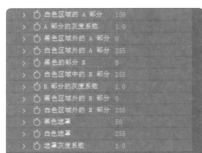

图 9-15 图 9-16

（5）按 Ctrl+N 组合键，弹出"合成设置"对话框，在"合成名称"文本框中输入"最终效果"，其他设置如图 9-17 所示，单击"确定"按钮，创建一个新的合成。在"项目"面板中选择"01.jpg"文件和"抠像"合成，并将它们拖曳到"时间轴"面板中，图层的排列顺序如图 9-18 所示。

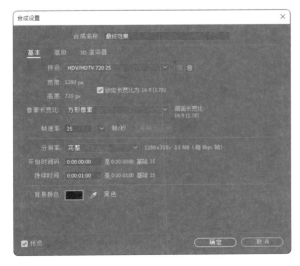

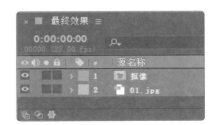

图 9-17 图 9-18

（6）选中"抠像"图层，按 P 键显示"位置"属性，设置"位置"属性的数值为
989.0, 360.0，如图 9-19 所示。"合成"面板中的效果如图 9-20 所示。

图 9-19　　　　　　　　　　　　　　　　　　　图 9-20

（7）将时间标签放置在 0s 的位置，按 T 键显示"不透明度"属性，设置"不透明度"
属性的数值为 0%，单击"不透明度"属性左侧的"关键帧自动记录器"按钮，如图 9-21 所示，
记录第 1 个关键帧。

（8）将时间标签放置在 0:02s 的位置，在"时间轴"面板中设置"不透明度"属性的
数值为 100%，如图 9-22 所示，记录第 2 个关键帧。

图 9-21　　　　　　　　　　　　　　　　　　　图 9-22

（9）将时间标签放置在 0:04s 的位置，在"时间轴"面板中设置"不透明度"属性的
数值为 0%，如图 9-23 所示，记录第 3 个关键帧。将时间标签放置在 0:06s 的位置，在"时
间轴"面板中设置"不透明度"属性的数值为 100%，如图 9-24 所示，记录第 4 个关键帧。
数码家电广告效果制作完成。

图 9-23　　　　　　　　　　　　　　　　　　　图 9-24

9.1.4　扩展实践：制作促销广告效果

使用"颜色差值键"命令修复图片效果，使用"缩放"属性和"位置"属性编辑图片的大小及位置。最终效果参看云盘中的"Ch09 > 制作促销广告效果 > 制作促销广告效果"，如图 9-25 所示。

图 9-25

微课

9.1.4 扩展实践

任务 9.2　制作旅游广告效果

微课

任务 9.2

9.2.1　任务引入

本任务要求读者首先了解"抠像"的概念；然后通过使用"Keylight"命令修复图片效果，使用"位置"属性设置图片的位置，制作秀丽风景的宣传片效果。最终效果参看云盘中的"Ch09 > 制作风景宣传片效果 > 制作旅游广告效果"，如图 9-26 所示。

图 9-26

9.2.2　任务知识：抠像

"抠像"一词是从早期电视制作中得来的，英文为"Keylight"，意思就是吸取画面中的某一种颜色作为透明色，将它从画面中删除，从而使背景透出来，形成两层画面的叠加合成。这样在室内拍摄的人物经抠像处理后，就可以与各种景物叠加在一起形成各种奇特效果，如图 9-27 所示。

图 9-27

Keylight（1.2）是自 After Effects CS4 版本后新增的一个抠图插件，通过对不同属性进行设置，可以对图像进行精细的抠像处理，如图 9-28 所示。

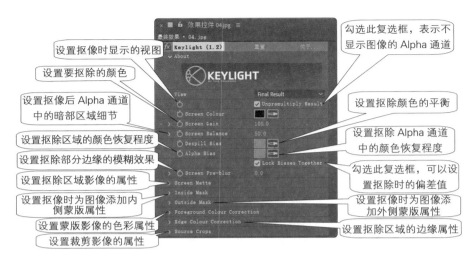

设置抠像时显示的视图

设置要抠除的颜色

设置抠像后 Alpha 通道中的暗部区域细节

设置抠除区域的颜色恢复程度

设置抠除部分边缘的模糊效果

设置抠除区域影像的属性

设置抠像时为图像添加内侧蒙版属性

设置蒙版影像的色彩属性

设置裁剪影像的属性

勾选此复选框，表示不显示图像的 Alpha 通道

设置抠除颜色的平衡

设置抠除 Alpha 通道中的颜色恢复程度

勾选此复选框，可以设置抠除时的偏差值

设置抠像时为图像添加外侧蒙版属性

设置抠除区域的边缘属性

图 9-28

9.2.3　任务实施

（1）打开 After Effects CC 2019，按 Ctrl+N 组合键，弹出"合成设置"对话框，在"合成名称"文本框中输入"最终效果"，其他设置如图 9-29 所示，单击"确定"按钮，创建一个新的合成。

（2）选择"文件 > 导入 > 文件"命令，在弹出的"导入文件"对话框中选择云盘中的"Ch09 > 制作旅游广告效果 >（Footage）> 01、02"文件，单击"导入"按钮，将图片导入"项目"面板中。

（3）在"项目"面板中选中"01""02"文件并将它们拖曳到"时间轴"面板中，图层的排列顺序如图 9-30 所示。

图 9-29

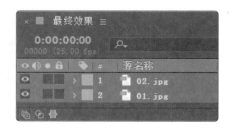

图 9-30

（4）选中"02.jpg"图层，选择"效果 > Keylight > Keylight (1.2)"命令，在"效果控件"面板中单击"Screen Colour"属性右侧的吸管工具，如图 9-31 所示，在"合成"面板中的绿色背景上单击吸取颜色，效果如图 9-32 所示。

图 9-31　　　　　　　　　　　　　　　　　图 9-32

（5）选中"02.jpg"图层，按 P 键显示"位置"属性，设置"位置"属性的数值为206.0,360.0，单击"位置"属性左侧的"关键帧自动记录器"按钮 ，如图 9-33 所示，记录第 1 个关键帧。

（6）将时间标签放置在 0:10s 的位置，在"时间轴"面板中设置"位置"属性的数值为 640.0,360.0，如图 9-34 所示，记录第 2 个关键帧。旅游广告效果制作完成。

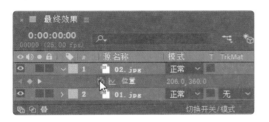

图 9-33　　　　　　　　　　　　　　　　　图 9-34

9.2.4　扩展实践：制作运动鞋广告效果

使用"Keylight"命令修复图片效果，利用"缩放"属性和"不透明度"属性制作运动鞋动画。最终效果参看云盘中的"Ch09 > 制作复杂抠像效果 > 制作运动鞋广告效果"，如图 9-35 所示。

微课

9.2.4 扩展实践

图 9-35

任务 9.3　项目演练：制作洗衣机广告效果

本任务要求制作洗衣机广告效果，可使用"颜色键"命令去除图片背景，使用"投影"命令为图片添加投影，使用"位置"属性改变图片位置。最终效果参看云盘中的"Ch09 > 制作洗衣机广告效果 > 制作洗衣机广告效果"，如图 9-36 所示。

微课

任务 9.3

图 9-36

项目10

掌握声音添加技术
——制作声音效果

本项目对声音的导入和声音面板进行详细讲解，其中包括声音导入与监听、声音的淡入与淡出、声音的倒放、低音和高音、声音的延迟、变调与合声等内容。通过本项目的学习，读者可以掌握After Effects中声音效果的制作方法。

学习引导

知识目标
- 了解声音的导入与监听
- 了解声音的淡入与淡出

能力目标
- 熟练掌握声音的导入方法
- 掌握声音效果面板的使用方法

素养目标
- 提高对音乐的鉴赏水平

实训项目
- 为《女孩》短片添加背景音乐
- 为《青春》短片添加背景音乐

任务 10.1　为《女孩》短片添加背景音乐

微课

任务 10.1

10.1.1　任务引入

本任务要求读者首先了解声音的导入与监听、淡入与淡出等声音的基础知识；然后通过使用"导入"命令导入声音、视频文件，通过"音频电平"属性制作背景音乐效果为《女孩》短片添加背景音乐。最终效果参看云盘中的"Ch10 > 为《女孩》短片添加背景音乐 > 为《女孩》短片添加背景音乐"，如图 10-1 所示。

图 10-1

10.1.2　任务知识：声音的导入与监听、声音的淡入与淡出

❶ 声音的导入与监听

打开 After Effects CC 2019，选择"文件 > 导入 > 文件"命令，在弹出的"导入文件"对话框中选择云盘中的"基础素材 > Ch10 > 01"文件，单击"导入"按钮导入文件。在"项目"面板中选中该素材，"项目"面板中出现了声波图形，如图 10-2 所示。这说明该视频素材带有声音。从"项目"面板中将"01"文件拖曳到"时间轴"面板中。

选择"窗口 > 预览"命令，在弹出的"预览"面板中确定 🔊 按钮处于选择状态，如图 10-3 所示。在"时间轴"面板中同样确定 🔊 按钮处于选择状态，如图 10-4 所示。

图 10-2　　　　　　　　　　图 10-3　　　　　　　　　　图 10-4

按数字键盘的 0 键即可监听影片中的声音，按住 Ctrl 键，拖曳时间标签，可以实时听到当前时间标签处的音频。

选择"窗口 > 音频"命令，或按 Ctrl+4 组合键，弹出"音频"面板，在该面板中拖曳

滑块可以调整声音素材的总音量或分别调整左右声道的音量，如图10-5所示。

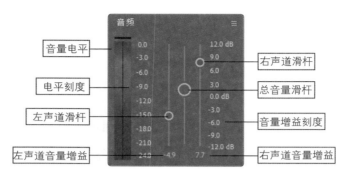

图10-5

在"时间轴"面板中展开"音频"属性组，调整"音频电平"属性右侧的参数可以调整声音的音量，如图10-6所示。

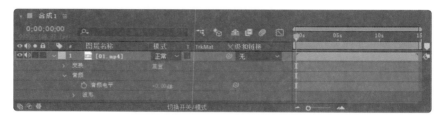

图10-6

2 声音长度的缩放

在"时间轴"面板底部单击 按钮，将控制区域完全显示出来。在"持续时间"列中可以设置声音的长度，在"伸缩"列中可以设置播放时长与素材原始时长的百分比，如图10-7所示。例如，将"伸缩"设置为200.0%后，声音的实际播放时长是素材原始时长的2倍。但通过设置"持续时间"和"伸缩"缩短或延长声音的播放长度后，声音的音调也会升高或降低。

图10-7

3 声音的淡入与淡出

将时间标签拖曳到起始位置，在"音频电平"属性左侧单击"关键帧自动记录器"按钮 ，添加关键帧。设置"音频电平"属性为-100.00dB；拖曳时间标签到0:15s的位置，设置"音频电平"属性为+0.00dB，"时间轴"面板上增加了两个关键帧，如图10-8所示。此时按住Ctrl键拖曳时间标签，可以听到声音由小变大的淡入效果。

将时间标签放置在14:05s的位置，设置"音频电平"属性为+0.10dB；拖曳时间标签到

结束的位置，设置"音频电平"属性为 -100.00dB，"时间轴"面板如图 10-9 所示。按住
Ctrl 键拖曳时间标签，可以听到声音的淡出效果。

图 10-8

图 10-9

10.1.3　任务实施

（1）打开 After Effects CC 2019，按 Ctrl+N 组合键，弹出"合成设置"对话框，在"合
成名称"文本框中输入"最终效果"，其他设置如图 10-10 所示，单击"确定"按钮，创建
一个新的合成。选择"文件 > 导入 > 文件"命令，弹出"导入文件"对话框，选择云盘中的
"Ch10 >为《女孩》短片添加背景音乐 > (Footage) > 01、02"文件，单击"导入"按钮，
导入文件。

（2）在"项目"面板中选中"01""02"文件，并将它们拖曳到"时间轴"面板中，
图层的排列顺序如图 10-11 所示。

图 10-10

图 10-11

（3）将时间标签放置在 6s 的位置。选中"02.wma"图层，显示"音频"属性，单击"音

频电平"属性左侧的"关键帧自动记录器"按钮🕲，记录第 1 个关键帧，如图 10-12 所示。

（4）将时间标签放置在 7s 的位置，在"时间轴"面板中设置"音频电平"属性的数值为 -26.00dB，如图 10-13 所示，记录第 2 个关键帧。完成为《女孩》短片添加背景音乐效果。

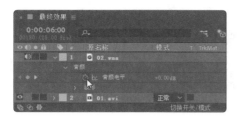

图 10-12

图 10-13

10.1.4 扩展实践：为《旅行》影片添加背景音乐

使用"导入"命令导入视频与音乐文件，使用"缩放"属性缩放视频的大小，使用"音频电平"属性制作背景音乐效果。最终效果参看云盘中的"Ch10 > 为《旅行》影片添加背景音乐 > 为《旅行》影片添加背景音乐"，如图 10-14 所示。

图 10-14

微课

10.1.4 扩展实践

任务 10.2　为《青春》短片添加背景音乐

微课

任务 10.2

10.2.1 任务引入

本任务要求读者首先了解倒放、低音和高音等声音的基础知识；然后通过使用"导入"命令导入视频和音乐文件，使用"低音和高音"命令和"变调与合声"命令编辑音乐文件，为《青春》短片添加背景音乐。最终效果参看云盘中的"Ch10 > 为《青春》短片添加背景音乐 > 为《青春》短片添加背景音乐"，如图 10-15 所示。

图 10-15

10.2.2 任务知识：倒放、低音和高音

❶ 倒放

选择"效果 > 音频 > 倒放"命令，即可将"倒放"效果添加到"效果控件"面板中。这

个效果可以倒放音频素材，即从结束位置向开始位置播放。勾选"互换声道"复选框可以交换左、右声道中的音频，如图10-16所示。

② 低音和高音

选择"效果 > 音频 > 低音和高音"命令，即可将"低音和高音"效果添加到"效果控件"面板中，如图10-17所示。拖曳低音或高音滑块可以增大或减小音频中低音或高音的音量。

图 10-16

图 10-17

③ 延迟

选择"效果 > 音频 > 延迟"命令，即可将"延迟"效果添加到"效果控件"面板中。它通过将声音素材进行多层延迟来模仿回声效果，例如，模仿墙壁的回声或空旷山谷中的回声。"延迟时间（毫秒）"属性用于设置原始声音和其回声之间的时间间隔，单位为ms；"延迟量"属性用于设置延迟音频的音量；"反馈"属性用于设置由回声产生的后续回声的音量；"干输出"属性用于设置声音素材的电平；"湿输出"属性用于设置最终输出声波电平，如图10-18所示。

图 10-18

④ 变调与合声

选择"效果 > 音频 > 变调与合声"命令，即可将"变调与合声"效果添加到"效果控件"面板中。"变调与合声"效果的工作原理是将声音素材的一个复制文件稍作延迟后与原声音混合，让某些频率的声波产生叠加或相减的效果，这在物理学中被称为"梳状滤波"，它会产生一种"干瘪"的声音效果。该效果在电吉他独奏中经常被应用，当混入多个延迟的复制声音后会产生乐器的"合声"效果。

在该效果的"效果控件"面板中，"语音分离时间"属性用于设置分离各语言的时间，以毫秒为单位；"语音"属性用于设置声音的混合深度；"调制速率"属性用于设置声音相位的变化程度；"干输出""湿输出"属性用于设置未处理的音频与处理后的音频的混合程度，如图10-19所示。

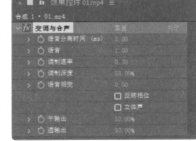

图 10-19

⑤ 高通 / 低通

选择"效果 > 音频 > 高通 / 低通"命令，即可将"高通 / 低通"效果添加到"效果控件"面板中。该效果只允许特定的频率通过，通常用于滤去低频率或高频率的噪声，如电流声等。

在"滤镜选项"属性中可以选择"高通"或"低通"方式。"屏蔽频率"属性用于设置滤波

器的分界频率，选择"高通"方式滤波时，低于该频率的声

音会被滤除；选择"低通"方式滤波时，高于该频率的声音

会被滤除。"干输出""湿输出"属性用于设置最终输出中

的原始（干）声音量和延迟（湿）声音量，如图 10-20 所示。

图 10-20

6 调制器

选择"效果 > 音频 > 调制器"命令，即可将"调制器"效果添加到"效果控件"面板中。

该效果可以为声音素材加入颤音效果。该效果的相关属性如

图 10-21 所示。"调制类型"属性用于选择颤音的波形，"调

制速率"属性以 Hz 为单位设置颤音的频率，"调制深度"

属性以调制频率的百分比为单位设置颤音频率的变化范围，

"振幅变调"属性用于设置颤音的强弱。

图 10-21

10.2.3 任务实施

（1）打开 After Effects CC 2019，按 Ctrl+N 组合键，弹出"合成设置"对话框，在"合

成名称"文本框中输入"最终效果"，其他设置如图 10-22 所示，单击"确定"按钮，创建

一个新的合成。

（2）选择"文件 > 导入 > 文件"命令，在弹出的"导入文件"对话框中选择云盘中的

"Ch10 > 为《青春》短片添加背景音乐 > (Footage) > 01、02"文件，单击"导入"按钮，

导入视频和声音文件，并将它们拖曳到"时间轴"面板中，图层的排列顺序如图 10-23 所示。

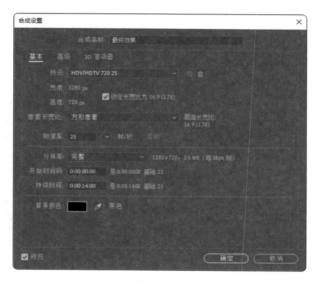

图 10-22

图 10-23

（3）选中"02.wav"图层，选择"效果 > 音频 > 低音和高音"命令，在"效果控件"

面板中进行设置，如图 10-24 所示。选择"效果 > 音频 > 变调与合声"命令，在"效果控件"
面板中进行设置，如图 10-25 所示。完成为《青春》短片添加背景音乐效果。

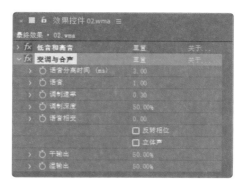

图 10-24   图 10-25

10.2.4 扩展实践：为《桥》影片添加背景音乐

使用"低音和高音"命令制作声音文件效果，使用"高通 / 低通"命令调整高低音效果。
最终效果参看云盘中的"Ch10 > 为《桥》影片添加背景音乐 > 为《桥》影片添加背景音乐"，
如图 10-26 所示。

图 10-26

微课

10.2.4 扩展实践

任务 10.3 项目演练：为《麦田》影片添加声音效果

本任务要求为《麦田》影片添加声音效果，可使用"导入"命令导入视频与音乐，使用
"音频电平"属性为音乐添加关键帧。最终效果参看云盘中的"Ch10 > 为《麦田》影片添
加声音效果 > 为《麦田》影片添加声音效果"，如图 10-27 所示。

图 10-27

微课

任务 10.3

项目11

掌握三维应用
——制作三维合成效果

After Effects不仅支持在二维空间中创建合成效果，在三维立体空间中的合成与动画功能也越来越强大。随着版本的升级，After Effects可以在深度的三维空间中丰富图层的运动样式，创建更逼真的灯光、投射阴影、材质效果和摄像机运动效果。通过本项目的学习，读者可以掌握制作三维合成效果的方法和技巧。

学习引导

知识目标
- 了解三维合成的概念
- 了解摄像机的运动效果

能力目标
- 熟练掌握三维图层的转换方法
- 掌握三维图层的属性设置方法
- 掌握摄像机的添加方法

素养目标
- 提高对三维合成效果的审美水平

实训项目
- 制作特卖广告效果
- 制作星光碎片效果

任务 11.1 制作特卖广告效果

微课

任务 11.1

11.1.1 任务引入

本任务要求读者首先了解三维合成的相关概念；然后通过使用"导入"命令导入图片，使用"3D 图层"按钮制作三维效果，使用"位置"属性制作人物出场动画，使用"Y 轴旋转"属性和"缩放"属性制作标牌出场动画，实现特卖广告效果，贴合青春、时尚的特卖广告。最终效果参看云盘中的"Ch11 > 制作特卖广告效果 > 制作特卖广告效果"，如图 11-1 所示。

图 11-1

11.1.2 任务知识：三维合成、转换成三维图层

① **三维合成**

在 After Effects CC 2019 中可以显示三维图层。将图层指定为三维图层时，After Effects CC 2019 会添加一个 z 轴来控制该图层的深度。当增加 z 轴值时，该图层在空间中移动到更远处；当减小 z 轴值时，该图层在空间中则会更近。

② **转换成三维图层**

除了声音图层以外，所有素材图层都可以转换为三维图层。将一个普通的二维图层转换为三维图层非常简单，只需要在"时间轴"面板的图层右侧单击"3D 图层"按钮即可，在"变换"属性组中，无论是"锚点"属性、"位置"属性、"缩放"属性、"方向"属性，还是"旋转"属性，都出现了 z 轴参数，另外还添加了一个"材质选项"属性组，如图 11-2 所示。

设置"Y 轴旋转"属性为 0x+45°。"合成"面板中的效果如图 11-3 所示。

图 11-2

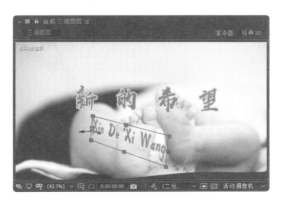

图 11-3

如果要将三维图层重新变回二维图层，只需要在"时间轴"面板中再次单击图层右侧的"3D图层"按钮 即可，三维图层中的 z 轴参数和"材质选项"属性组将丢失。

> **提示**　虽然很多效果可以模拟三维空间效果（如"效果 > 扭曲 > 凸出"），不过这些效果都是二维的，也就是说，即使将这些效果应用于三维图层，它们也只是模拟三维效果而不会对三维图层产生任何影响。

❸ 变换三维图层的"位置"属性

三维图层的"位置"属性由 x、y、z 3个轴向上的参数控制，如图11-4所示。

图 11-4

打开 After Effects CC 2019，选择"文件 > 打开项目"命令，选择云盘中的"基础素材 > Ch11 > 三维图层 .aep"文件，单击"打开"按钮打开此文件。

在"时间轴"面板中，选择某个三维图层、摄像机图层或者灯光图层，选中图层的坐标轴会显示出来，其中红色代表 x 轴，绿色代表 y 轴，蓝色代表 z 轴。

在工具栏中选择"选取"工具，在"合成"面板中将鼠标指针停留在各个轴上，观察鼠标指针的变化。当鼠标指针变成 形状时，表示移动锁定在 x 轴上；当鼠标指针变成 形状时，表示移动锁定在 y 轴上；当鼠标指针变成 形状时，表示移动锁定在 z 轴上。

> **提示**　如果鼠标指针没有显示任何坐标轴信息，那么可以在空间中全方位地移动三维对象。

❹ 变换三维图层的"旋转"属性

◎ 使用"方向"属性旋转

选择"文件 > 打开项目"命令，选择云盘中的"基础素材 > Ch11 > 三维图层"文件，单击"打开"按钮打开此文件。

在"时间轴"面板中选择某个三维图层、摄像机图层或者灯光图层。

在工具栏中选择"旋转"工具 ，在坐标系工具右侧的下拉列表中选择"方向"选项，如图 11-5 所示。

图 11-5

在"合成"面板中将鼠标指针放置在某个坐标轴上，当鼠标指针变为 形状时，表示进行 x 轴向的旋转；当鼠标指针变为 形状时，表示进行 y 轴向的旋转；当鼠标指针变为 形状时，表示进行 z 轴向的旋转；鼠标指针上没有出现任何信息时，表示可以全方位旋转三维对象。

在"时间轴"面板中展开当前三维图层的"变换"属性，观察 3 组旋转属性值的变化，如图 11-6 所示。

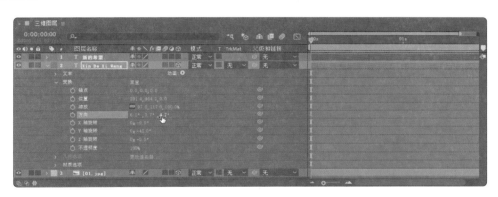

图 11-6

◎ 使用"旋转"属性旋转

使用上面的素材，选择"文件 > 返回"命令，还原到项目文件的上次存储状态。

在工具栏中选择"旋转"工具 ，在坐标系工具右侧的下拉列表中选择"旋转"选项，如图 11-7 所示。

图 11-7

在"合成"面板中将鼠标指针放置在某坐标轴上，当鼠标指针变为 形状时，表示进行 x 轴向的旋转；当鼠标指针变为 形状时，表示进行 y 轴向的旋转；当鼠标指针变为 时，表示进行 z 轴向的旋转；鼠标指针上没有出现任何信息时，表示可以全方位旋转三维对象。

在"时间轴"面板中展开当前三维图层的"变换"属性，观察 3 组旋转属性值的变化，如图 11-8 所示。

图 11-8

⑤ 三维视图

虽然感知三维空间并不需要经过专门的训练，任何人都具备这种能力，但是在制作三维对象的过程中，往往会由于各种原因（场景过于复杂等因素）产生视觉错觉，无法仅通过观察透视图正确判断当前三维对象的具体空间状态，因此往往需要借助更多的视图作为参照，如正面、左侧、顶部、活动摄像机等，从而得到准确的空间位置信息，选择正面、左侧、顶部、活动摄像机视图的显示效果分别如图 11-9 ～图 11-12 所示。

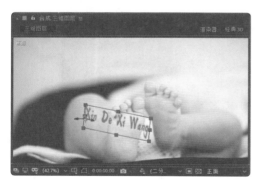

图 11-9

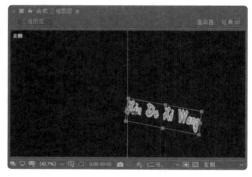

图 11-10

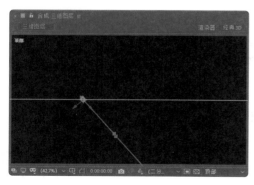

图 11-11

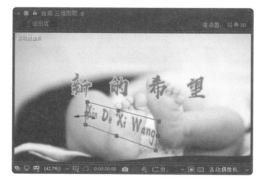

图 11-12

可以在"合成"面板中的 活动摄像机 ∨（3D 视图）下拉列表中选择视图模块，视图模式大致分为 3 类：正交视图、摄像机视图和自定义视图。

◎ 正交视图

正交视图包括正面、左侧、顶部、背面、右侧和底部，其实就是以垂直正交的方式观看空间中的 6 个面。在正交视图中，物体的长度和距离以原始数据的方式呈现，从而忽略了透视导致的大小变化，这也就意味着在正交视图观看立体物体时没有透视感，如图 11-13 所示。

◎ 摄像机视图

摄像机视图从摄像机的角度去观看空间中的物体，与正交视图不同的是，摄像机视图中的空间是带有透视变化的视觉空间，可以非常真实地展现近大远小、近长远短的透视关系；设置镜头的特殊属性，还能得到夸张的效果等，如图 11-14 所示。

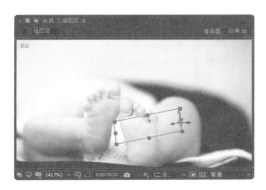

图 11-13

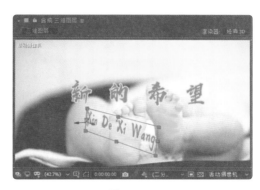

图 11-14

◎ 自定义视图

自定义视图是从几个默认的角度观看当前空间，可以通过工具栏中的摄像机工具调整视图角度，与摄像机视图一样，自定义视图同样遵循透视的规律，不过自定义视图并不要求合成项目中必须有摄像机。它也不具备摄像机视图中的景深、广角、长焦等效果，自定义视图可以理解为 3 个可自定义的标准透视视图。

活动摄像机 ∨ （3D 视图）下拉列表中的选项如图 11-15 所示。

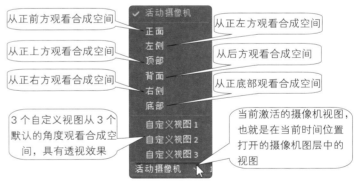

图 11-15

⑥ 以多视图方式观测三维空间

在进行三维创作时，虽然可以通过 3D 视图下拉列表方便地切换各个视图，但这仍然不利于各个视图的对比，而且来回频繁地切换视图也会导致创作效率低下。不过幸运的是，After Effects 提供了多种视图显示方式，让用户可以同时从多个角度观看三维空间，只需在 "合成" 面板中的 "选定视图方案" 下拉列表中选择。

• 1 视图：仅显示一个视图，如图 11-16 所示。

• 2 视图 - 水平：同时显示两个视图，它们将左右排列，如图 11-17 所示。

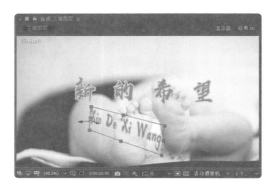

图 11-16

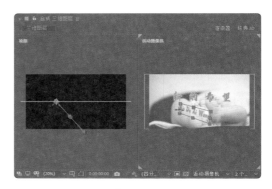

图 11-17

- 2 视图 - 纵向：同时显示两个视图，它们将上下排列，如图 11-18 所示。
- 4 视图：同时显示 4 个视图，如图 11-19 所示。

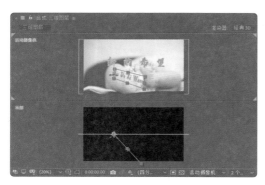

图 11-18

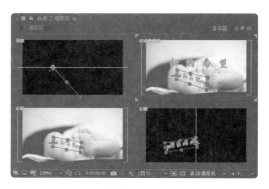

图 11-19

- 4 视图 - 左侧：同时显示 4 个视图，且主视图在右边，如图 11-20 所示。
- 4 视图 - 右侧：同时显示 4 个视图，且主视图在左边，如图 11-21 所示。

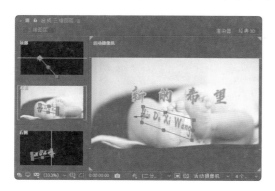

图 11-20

图 11-21

- 4 视图 - 顶部：同时显示 4 个视图，且主视图在下边，如图 11-22 所示。
- 4 视图 - 底部：同时显示 4 个视图，且主视图在上边，如图 11-23 所示。

每个分视图都可以在激活后，在 3D 视图下拉列表中更换具体观看角度，或者设置视图显示方式等。

另外，勾选"共享视图选项"复选框，可以让多个视图共享同样的视图设置，如"安全框显示""网格显示""通道显示"等。

图 11-22   图 11-23

提示　　上下滚动鼠标滚轮，可以在不激活视图的情况下，对鼠标指针所在的视图进行缩放操作。

7 坐标系

在控制三维对象时用户需依据某种坐标系进行轴向定位，After Effects 提供了 3 种坐标系：本地坐标系、世界坐标系和视图坐标系。坐标系的切换是通过工具栏中的、和按钮实现的。

◎ 本地坐标系

本地坐标系采用被选择物体本身的坐标轴作为变换的依据，这在物体的方位与世界坐标系不同时很有帮助，如图 11-24 所示。

◎ 世界坐标系

世界坐标系使用合成空间中的绝对坐标系作为定位依据，该坐标系的轴不会随着物体的旋转而改变，属于一种绝对坐标。无论在哪一个视图中，x 轴始终往水平方向延伸，y 轴始终往垂直方向延伸，z 轴始终往纵深方向延伸，如图 11-25 所示。

◎ 视图坐标系

视图坐标系与当前所处的视图有关，也可以称为屏幕坐标系，在正交视图和自定义视图中，x 轴和 y 轴始终平行于视图，z 轴始终垂直于视图；在摄像机视图中，x 轴和 y 轴始终平行于视图，但 z 轴有一定的变动，如图 11-26 所示。

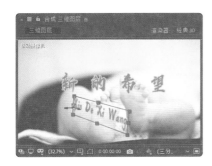

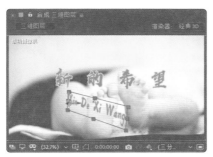

图 11-24   图 11-25   图 11-26

8 三维图层的材质属性

当普通的二维图层转换为三维图层时，会添加一个全新的属性组——"材质选项"，可以设置此属性组，调整三维图层响应光照系统的方式，如图 11-27 所示。

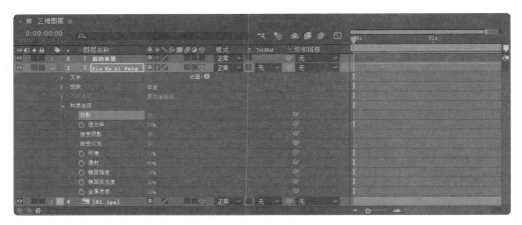

图 11-27

选中某个三维图层，连续两次按 A 键，展开"材质选项"属性组。

• 投影：设置是否投射阴影，其中包括"打""关""仅" 3 种模式，效果如图 11-28 ～ 图 11-30 所示。

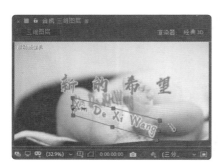
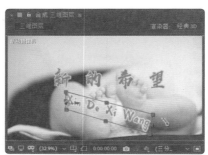
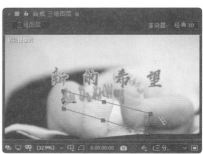

图 11-28   图 11-29   图 11-30

• 透光率：透光程度，可以体现半透明物体在灯光下的效果，效果主要体现在阴影上，如图 11-31 和图 11-32 所示。

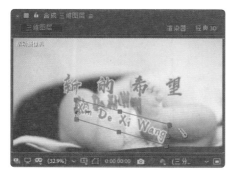

透光率为 0%   透光率为 60%

图 11-31   图 11-32

- 接受阴影：是否接受阴影，不能制作关键帧动画。
- 接受灯光：是否接受光照，不能制作关键帧动画。
- 环境：调整三维图层受"环境"类型灯光影响的程度。设置"环境"类型灯光的方法如图 11-33 所示。
- 漫射：调整图层漫反射的程度，此值为 100% 时，将反射大量的光；如果此值为 0%，则不反射大量的光。
- 镜面强度：调整图层镜面反射的程度。
- 镜面反光度：设置"镜面强度"作用的区域，值越小，"镜面强度"作用的区域越小。在"镜面强度"为 0% 的情况下，此设置将不起作用。
- 金属质感：调节由镜面反射的光的颜色，值越接近 100%，其颜色就越接近图层的颜色；值越接近 0%，其颜色就越接近灯光的颜色。

图 11-33

11.1.3 任务实施

（1）打开 After Effects CC 2019，按 Ctrl+N 组合键，弹出"合成设置"对话框，在"合成名称"文本框中输入"最终效果"，设置"背景颜色"为淡黄色（其 R、G、B 的值分别为 255、237、46），其他设置如图 11-34 所示，单击"确定"按钮，创建一个新的合成。

（2）选择"文件 > 导入 > 文件"命令，弹出"导入文件"对话框，选择云盘中的"Ch11 > 制作特卖广告效果 > (Footage) > 01、02"文件，单击"导入"按钮，将文件导入"项目"面板。

（3）在"项目"面板中选中"01"文件，并将其拖曳到"时间轴"面板中。按 P 键显示"位置"属性，设置"位置"属性的数值为 -289.0,458.5，如图 11-35 所示。

图 11-34

图 11-35

（4）保持时间标签在 0s 的位置，单击"位置"属性左侧的"关键帧自动记录器"按钮，如图 11-36 所示，记录第 1 个关键帧。将时间标签放置在 1s 的位置，设置"位置"属性的数值为 285.0,458.5，如图 11-37 所示，记录第 2 个关键帧。

图 11-36　　　　　　　　　　　　　　　　　　图 11-37

（5）在"项目"面板中选中"02"文件，并将其拖曳到"时间轴"面板中，按 P 键显示"位置"属性，设置"位置"属性的数值为 957.0,363.0，如图 11-38 所示。"合成"面板中的效果如图 11-39 所示。

图 11-38　　　　　　　　　　　　　　　　　　图 11-39

（6）单击"02.png"图层右侧的"3D 图层"按钮，如图 11-40 所示。单击"Y 轴旋转"属性左侧的"关键帧自动记录器"按钮，如图 11-41 所示，记录第 1 个关键帧。将时间标签放置在 2s 的位置，设置"Y 轴旋转"属性的数值为 2x+0.0°，如图 11-42 所示，记录第 2 个关键帧。

图 11-40　　　　　　　　　图 11-41　　　　　　　　　图 11-42

（7）将时间标签放置在 0s 的位置，选中"02.png"图层，按 S 键显示"缩放"属性，设置"缩放"属性的数值为 0.0,0.0,0.0%，单击"缩放"属性左侧的"关键帧自动记录器"按钮，如图 11-43 所示，记录第 1 个关键帧。将时间标签放置在 1s 的位置，设置"缩放"属性的数值为 100.0,100.0,100.0%，如图 11-44 所示，记录第 2 个关键帧。

（8）将时间标签放置在 2s 的位置，在"时间轴"面板中单击"缩放"属性左侧的"在当前时间添加或移除关键帧"按钮，如图 11-45 所示，记录第 3 个关键帧。将时间标签置在 4:24s 的位置，设置"缩放"属性的数值为 110.0,110.0,110.0%，如图 11-46 所示，记录第 4 个关键帧。

（9）特卖广告效果制作完成，如图 11-47 所示。

图 11-43

图 11-44

图 11-45

图 11-46

图 11-47

11.1.4 扩展实践：制作运动文字效果

使用"导入"命令导入素材，使用"位置""缩放""定位点""不透明度"属性制作动画效果。最终效果参看云盘中的"Ch11 > 制作运动文字效果 > 制作运动文字效果"，如图 11-48 所示。

图 11-48

微课
11.1.4 扩展实践

任务 11.2 制作星光碎片效果

微课
任务 11.2-1

微课
任务 11.2-2

11.2.1 任务引入

本任务要求读者首先了解如何设置、移动摄像机等；然后通过使用"梯度渐变"命令制作背景渐变和彩色渐变效果，使用"分形杂色"命令制作发光效果，使用"闪光灯"命令制作闪光灯效果，使用"矩形"工具绘制形状蒙版，使用"碎片"命令制作碎片效果，使用"摄像机"命令添加摄像机图层并制作关键帧动画，利用"位置"属性改变摄像机图层的位置动画，使用"启用时间重映射"命令改变时间，实现酷炫多变、光彩夺目的星光碎片效果。最终效果参看云盘中的"Ch11 > 制作星光碎片效果 > 制作星光碎片效果"，如图 11-49 所示。

图 11-49

11.2.2　任务知识：创建和设置摄像机、移动摄像机

❶ 创建和设置摄像机

创建摄像机的方法很简单，选择"图层 > 新建 > 摄像机"命令，或按 Ctrl+Shift+Alt+C 组合键，在弹出的对话框中进行设置，如图 11-50 所示，单击"确定"按钮即可。

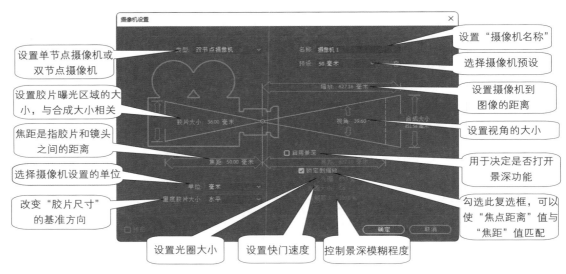

图 11-50

❷ 利用工具移动摄像机

工具栏中有 4 个移动摄像机的工具，在当前摄像机工具上按住鼠标左键，弹出其他摄像机工具，按 C 键可以在这 4 个工具之间切换，如图 11-51 所示。

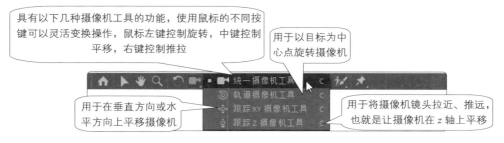

图 11-51

❸ 摄像机和灯光的入点与出点

在默认状态下，新建立的摄像机和灯光的入点与出点就是合成项目的入点与出点，即作用于整个合成项目。为了设置多个摄像机或者多个灯光，并让它们在不同时间段起作用，可以修改摄像机或者灯光的入点和出点，改变其持续时间，就像对待其他普通素材图层一样，从而方便地实现多个摄像机或者多个灯光的切换，如图 11-52 所示。

图 11-52

11.2.3 任务实施

① 制作渐变效果

（1）打开 After Effects CC 2019，按 Ctrl+N 组合键，弹出"合成设置"对话框，在"合成名称"文本框中输入"渐变"，其他设置如图 11-53 所示，单击"确定"按钮，创建一个新的合成。

（2）选择"图层 > 新建 > 纯色"命令，弹出"纯色设置"对话框，在"名称"文本框中输入"渐变"，将"颜色"设置为黑色，单击"确定"按钮，"时间轴"面板中将新增一个黑色图层，如图 11-54 所示。

图 11-53

图 11-54

（3）选中"渐变"图层，选择"效果 > 生成 > 梯度渐变"命令，在"效果控件"面板中，设置"起始颜色"为黑色，"结束颜色"为白色，其他设置如图 11-55 所示，设置完成后，"合成"面板中的效果如图 11-56 所示。

图 11-55

图 11-56

（4）创建一个新的合成并将其命名为"星光"。在当前合成中新建一个纯色图层"噪波"。选中"噪波"图层，选择"效果>杂色和颗粒>分形杂色"命令，在"效果控件"面板中进行设置，如图11-57所示。"合成"面板中的效果如图11-58所示。

（5）将时间标签放置在0s的位置，在"效果控件"面板中分别单击"变换"属性组中的"偏移（湍流）"和"演化"属性左侧的"关键帧自动记录器"按钮 ，如图11-59所示，记录第1个关键帧。

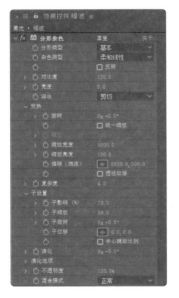

图11-57

图11-58

（6）将时间标签放置在4:24s的位置，在"效果控件"面板中设置"偏移（湍流）"属性的数值为-5689.0,300.0，"演化"属性的数值为1x+0.0°，如图11-60所示，记录第2个关键帧。

图11-59

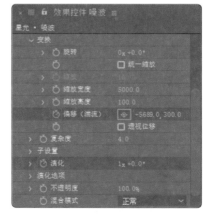

图11-60

（7）选择"效果>风格化>闪光灯"命令，在"效果控件"面板中进行设置，如图11-61所示。"合成"面板中的效果如图11-62所示。

图 11-61　　　　　　　　　　　　　　　图 11-62

（8）在"项目"面板中选中"渐变"合成并将其拖曳到"时间轴"面板中。将"噪波"图层的"轨道遮罩"设置为"亮度遮罩'渐变'"，如图 11-63 所示。隐藏"渐变"图层，"合成"面板中的效果如图 11-64 所示。

图 11-63　　　　　　　　　　　　　　　图 11-64

2　制作彩色发光效果

（1）在当前合成中建立一个新的纯色图层"彩色光芒"。选择"效果 > 生成 > 梯度渐变"命令，在"效果控件"面板中设置"起始颜色"为黑色，"结束颜色"为白色，其他设置如图 11-65 所示。

（2）选择"效果 > 颜色校正 > 色光"命令，在"效果控件"面板中进行设置，如图 11-66 所示。

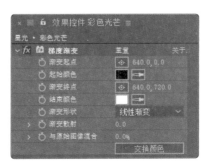

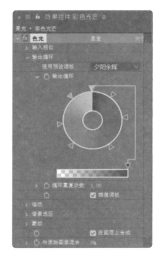

图 11-65　　　　　　　　　　　　　　　图 11-66

（3）在"时间轴"面板中设置"彩色光芒"图层的混合模式为"颜色"，如图11-67所示。"合成"面板中的效果如图11-68所示。

图11-67

图11-68

（4）在当前合成中建立一个新的纯色图层"蒙版"，如图11-69所示。选择"矩形"工具▣，在"合成"面板中拖曳鼠标指针绘制一个矩形蒙版，如图11-70所示。

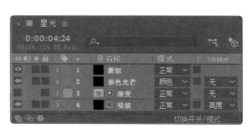

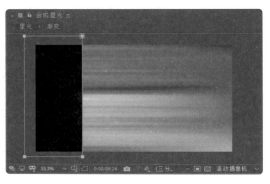

图11-69

图11-70

（5）选中"蒙版"图层，按F键显示"蒙版羽化"属性，如图11-71所示，设置"蒙版羽化"属性的数值为200.0,200.0，如图11-72所示。

图11-71

图11-72

（6）选中"彩色光芒"图层，将"彩色光芒"图层的"轨道遮罩"设置为"Alpha遮罩'蒙版'"，如图11-73所示。隐藏"蒙版"图层，"合成"面板中的效果如图11-74所示。

（7）按Ctrl+N组合键，弹出"合成设置"对话框，在"合成名称"文本框中输入"碎片"，其他设置如图11-75所示，单击"确定"按钮，创建一个新的合成。

（8）选择"文件＞导入＞文件"命令，在弹出的"导入文件"对话框中选择云盘中的"Ch11＞制作星光碎片效果＞（Footage）＞01"文件，单击"导入"按钮，导入图片。在"项目"

面板中，选中"渐变"合成和"01.jpg"文件，将它们拖曳到"时间轴"面板中，同时单击"渐变"图层左侧的 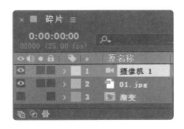 按钮，隐藏该图层，如图11-76所示。

图 11-73

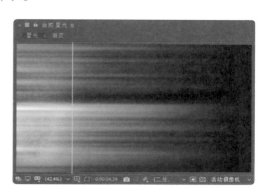

图 11-74

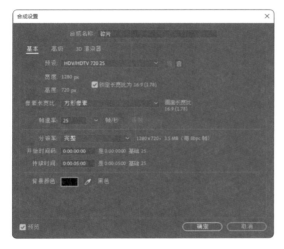

图 11-75

图 11-76

（9）选择"图层 > 新建 > 摄像机"命令，弹出"摄像机设置"对话框，在"名称"文本框中输入"摄像机1"，其他设置如图11-77所示，单击"确定"按钮，"时间轴"面板中将新增一个摄像机图层，如图11-78所示。

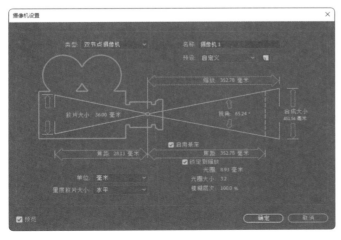

图 11-77

图 11-78

（10）选中"01.jpg"图层，选择"效果 > 模拟 > 碎片"命令，在"效果控件"面板中，将"视图"改为"已渲染"模式，展开"形状"属性组，在"效果控件"面板中进行设置，如图 11-79 所示。展开"作用力 1"和"作用力 2"属性组，在"效果控件"面板中进行设置，如图 11-80 所示。展开"渐变"和"物理学"属性组，在"效果控件"面板中进行设置，如图 11-81 所示。

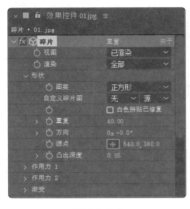
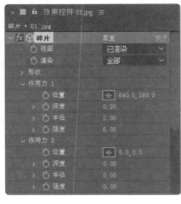
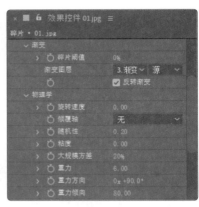

图 11-79　　　　　　　　　　图 11-80　　　　　　　　　　图 11-81

（11）将时间标签放置在 2s 的位置，在"效果控件"面板中单击"渐变"属性组中的"碎片阈值"属性左侧的"关键帧自动记录器"按钮，如图 11-82 所示，记录第 1 个关键帧。将时间标签放置在 3:18s 的位置，在"效果控件"面板中设置"碎片阈值"属性的数值为 100%，如图 11-83 所示，记录第 2 个关键帧。

图 11-82　　　　　　　　　　　　　　　图 11-83

（12）在当前合成中建立一个新的红色图层并将其命名为"参考层"，如图 11-84 所示。单击"参考层"右侧的"3D 图层"按钮，单击"参考层"左侧的按钮，隐藏该图层。设置"摄像机 1"的"父级和链接"为"1. 参考层"，如图 11-85 所示。

图 11-84　　　　　　　　　　　　　图 11-85

（13）选中"参考层"图层，按 R 键显示旋转属性，设置"方向"属性的数值为
90.0°，0.0°，0.0°，如图 11-86 所示。将时间标签放置在 1:06s 的位置，单击"Y 轴旋转"
属性左侧的"关键帧自动记录器"按钮，如图 11-87 所示，记录第 1 个关键帧。

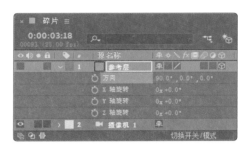

图 11-86

图 11-87

（14）将时间标签放置在 4:24s 的位置，设置"Y 轴旋转"属性的数值为 0x+120.0°，
如图 11-88 所示，记录第 2 个关键帧。将时间标签放置在 0s 的位置，选中"摄像机 1"图层，
展开"变换"属性组，设置"目标点"属性的数值为 360.0,288.0,0.0，"位置"属性的数值
为 320.0,-900.0,-50.0，单击"位置"属性左侧的"关键帧自动记录器"按钮，如图 11-89
所示，记录第 1 个关键帧。

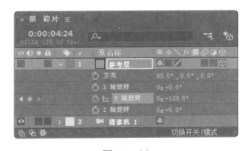

图 11-88

图 11-89

（15）将时间标签放置在 1:10s 的位置，设置"位置"属性的数值为 320.0,-700.0,
-250.0，如图 11-90 所示，记录第 2 个关键帧。将时间标签放置在 4:24s 的位置，设置"位置"
属性的数值为 320.0,-560.0,-1000.0，如图 11-91 所示，记录第 3 个关键帧。

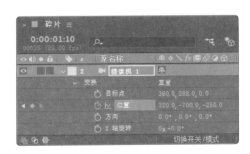

图 11-90

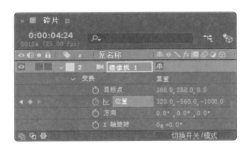

图 11-91

（16）在"项目"面板中选中"星光"合成，将其拖曳到"时间轴"面板中，并放置在
"摄像机 1"图层的下方，如图 11-92 所示。单击该图层右侧的"3D 图层"按钮，设置该

图层的混合模式为"相加"，如图 11-93 所示。

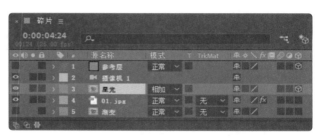

图 11-92　　　　　　　　　　　　　　　　　图 11-93

（17）将时间标签放置在 1:22s 的位置，选中"星光"图层，按 A 键显示"锚点"属性，设置"锚点"属性的数值为 0.0,360.0,0.0；在按住 Shift 键的同时，按 P 键显示"位置"属性，设置"位置"属性的数值为 1000.0,360.0,0.0；在按住 Shift 键的同时，按 R 键显示"旋转"属性，设置"方向"属性的数值为 0.0°,90.0°, 0.0°，单击"位置"属性左侧的"关键帧自动记录器"按钮，如图 11-94 所示，记录第 1 个关键帧。将时间标签放置在 3:24s 的位置，设置"位置"属性的数值为 288.0,360.0,0.0，如图 11-95 所示，记录第 2 个关键帧。

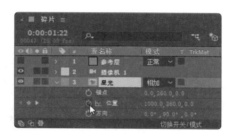

图 11-94　　　　　　　　　　　　　　　　　图 11-95

（18）将时间标签放置在 1:11s 的位置，按 T 键显示"不透明度"属性，设置"不透明度"属性的数值为 0%，单击"不透明度"属性左侧的"关键帧自动记录器"按钮，如图 11-96 所示，记录第 1 个关键帧。将时间标签放置在 1:22s 的位置，设置"不透明度"属性的数值为 100%，如图 11-97 所示，记录第 2 个关键帧。

图 11-96　　　　　　　　　　　　　　　　　图 11-97

（19）将时间标签放置在 3:24s 的位置，在"时间轴"面板中单击"不透明度"属性左侧的"在当前时间添加或移除关键帧"按钮，如图 11-98 所示，记录第 3 个关键帧。将时间标签放置在 4:11s 的位置，设置"不透明度"属性的数值为 0%，如图 11-99 所示，记录第 4 个关键帧。

（20）选择"图层 > 新建 > 纯色"命令，弹出"纯色设置"对话框，在"名称"文本框中输入"底板"，将"颜色"设置为灰色（其 R、G、B 的值均为 175），单击"确定"按钮，在当前合成中建立一个新的灰色图层，将其拖曳到最底层，如图 11-100 所示。单击"底板"图层右侧的"3D 图层"按钮 ，如图 11-101 所示。

图 11-98

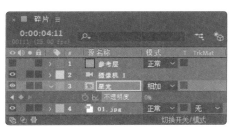

图 11-99

图 11-100

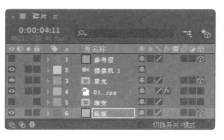

图 11-101

（21）将时间标签放置在 3:24s 的位置，按 P 键显示"位置"属性，设置"位置"属性的数值为 640.0,360.0,0.0；在按住 Shift 键的同时，按 T 键显示"不透明度"属性，设置"不透明度"属性的数值为 53%；分别单击"位置"属性和"不透明度"属性左侧的"关键帧自动记录器"按钮 ，如图 11-102 所示，记录第 1 个关键帧。

（22）将时间标签放置在 4:24s 的位置，设置"位置"属性的数值为 –270.0,360.0,0.0，"不透明度"属性的数值为 0%，如图 11-103 所示，记录第 2 个关键帧。

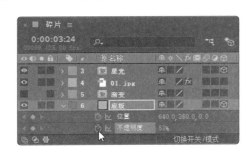

图 11-102

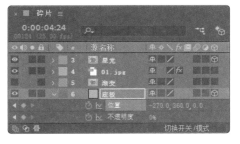

图 11-103

（23）按 Ctrl+N 组合键，弹出"合成设置"对话框，在"合成名称"文本框中输入"最终效果"，其他设置如图 11-104 所示，单击"确定"按钮，创建一个新的合成。在"项目"面板中选中"碎片"合成，将其拖曳到"时间轴"面板中，如图 11-105 所示。

（24）选中"碎片"图层，选择"图层 > 时间 > 启用时间重映射"命令，将时间标签放置在 0s 的位置，在"时间轴"面板中设置"时间重映射"属性的数值为 0:00:04:24，如图 11-106 所示，记录第 1 个关键帧。将时间标签放置在 4:24s 的位置，在"时间轴"面板中，设置"时间重映射"属性的数值为 0:00:00:00，如图 11-107 所示，记录第 2 个关键帧。

（25）选择"效果 > Trapcode > Starglow"命令，在"效果控件"面板中进行设置，如图 11-108 所示。将时间标签放置在 0s 的位置，单击"阈值"属性左侧的"关键帧自动记录器"

按钮 ，如图 11-109 所示，记录第 1 个关键帧。

图 11-104

图 11-105

图 11-106

图 11-107

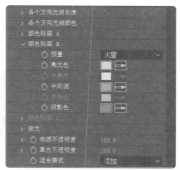

图 11-108

图 11-109

（26）将时间标签放置在 4:24s 的位置，在"效果控件"面板中，设置"阈值"属性的数值为 480.0，如图 11-110 所示，记录第 2 个关键帧。星光碎片效果制作完成，如图 11-111 所示。

图 11-110

图 11-111

11.2.4　扩展实践：制作热气球效果

使用"导入"命令导入素材文件，使用"变换"属性调整图像的属性，使用"位置"属性制作位移动画。最终效果参看云盘中的"Ch11 > 制作热气球效果 > 制作热气球效果"，如图 11-112 所示。

图 11-112

微课

11.2.4 扩展实践

任务 11.3　项目演练：制作旋转文字效果

本任务要求制作旋转文字效果，可使用"导入"命令导入图片，使用"3D 图层"按钮制作三维效果，使用"Y 轴旋转"属性和"缩放"属性制作文字动画。最终效果参看云盘中的"Ch11 > 制作旋转文字效果 > 制作旋转文字效果"，如图 11-113 所示。

图 11-113

微课

任务 11.3

项目12

掌握影视输出技术
——设置渲染与输出

12

对于制作完成的影片，可以通过渲染输出的方式，制作成可以在不同设备上播放的影片。本项目主要讲解After Effects CC 2019的渲染与输出功能。通过本项目的学习，读者可以掌握渲染与输出的方法和技巧。

学习引导

知识目标
- 了解渲染的意义
- 了解输出的形式

能力目标
- 熟练掌握渲染的设置方法
- 掌握输出的操作方法

素养目标
- 培养有始有终的工作习惯

任务 渲染与输出

任务引入

本任务要求读者首先了解渲染的相关操作，然后将制作好的视频以多种方式输出。

任务知识：渲染

渲染在整个影片制作过程中是最后一步，也是相当关键的一步。即使前面制作得再精妙，渲染不成功也会导致影片制作失败，渲染方式影响影片最终呈现的效果。

在 After Effects CC 2019 中可以将合成项目渲染输出成视频文件、音频文件和序列图片等。输出的方式有两种：一种是选择"文件 > 导出"命令直接输出单个合成项目；另一种是选择"合成 > 添加到渲染队列"命令，将一个或多个合成项目添加到"渲染队列"面板中，逐一或批量输出，如图 12-1 所示。

图 12-1

其中，通过"文件 > 导出"命令输出时，可选的格式和解码方式较少；通过"合成 > 添加到渲染队列"命令输出时，可以进行非常高级的专业控制，并可以选择多种格式和解码方式。因此，这里主要介绍如何使用"渲染队列"面板进行输出，掌握了它，就同时掌握了使用"文件 > 导出"命令输出影片的方式。

① "渲染队列"面板

在"渲染队列"面板中可以控制整个渲染进程，调整各个合成项目的渲染顺序，设置每个合成项目的渲染质量、输出格式和路径等。在将合成项目添加到渲染队列时，"渲染队列"面板将自动打开，如果不小心关闭了，也可以选择"窗口 > 渲染队列"命令，或按 Ctrl+Shift+0 组合键，再次打开此面板。

单击"当前渲染"左侧的小箭头按钮，显示的信息如图 12-2 所示，主要包括当前正在渲染的合成项目的进度、正在执行的操作、当前输出的路径、文件大小、预测的最终文件、可用磁盘空间等。

渲染队列区如图 12-3 所示。

需要渲染的合成项目都将逐一排列在渲染队列中，在此，可以设置合成项目的"渲染设置""输出模块"（输出模式、格式和解码等）、"输出到"（文件名和路径）等。

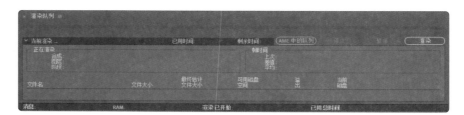

图 12-2

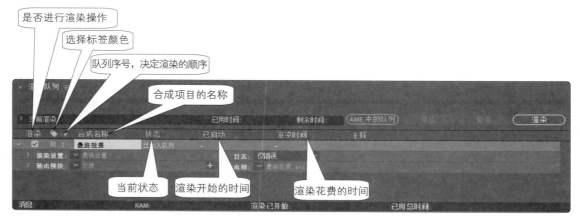

图 12-3

单击"渲染设置"和"输出模块"选项左侧的小箭头按钮展开具体的设置信息，如图 12-4 所示。单击按钮可以选择已有的设置，单击当前设置名称，可以打开具体的设置对话框。

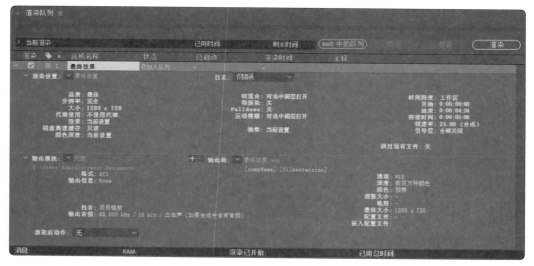

图 12-4

2 渲染设置

渲染设置的方法为单击"渲染设置"按钮右侧的"最佳设置"，弹出"渲染设置"对话框，如图 12-5 所示。

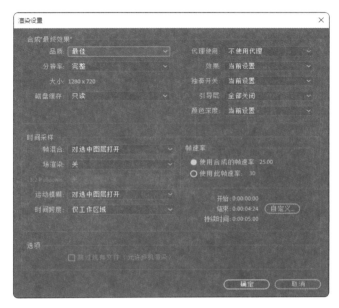

图 12-5

◎ "合成'最终效果'"设置区如图 12-6 所示。

图 12-6

◎ "时间采样"设置区如图 12-7 所示。

图 12-7

◎ "选项"设置区如图 12-8 所示。

图 12-8

3 输出组件设置

"渲染设置"完成后，接下来可以"设置输出组件"，主要是设置输出的格式和解码方式等。单击"输出模块" ▼ 按钮右侧的"无损"，弹出"输出模块设置"对话框，如图 12-9 所示。

◎ 基础设置区如图 12-10 所示。

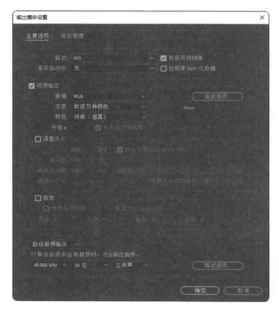

图 12-9

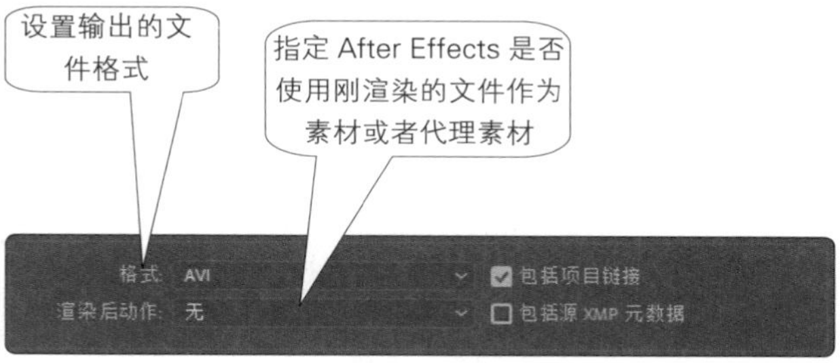

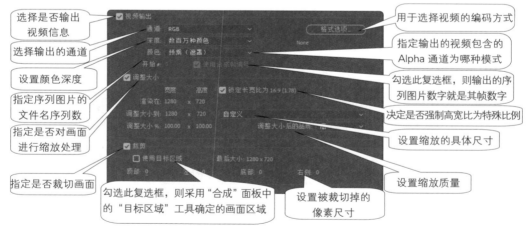

图 12-10

◎ 视频设置区如图 12-11 所示。

图 12-11

◎ 音频设置区如图 12-12 所示。

图 12-12

4　渲染设置和输出预设

虽然 After Effects CC 2019 提供了许多"渲染设置"和"输出"预设，不过这些预设可能还是不能满足更多的个性化需求。用户可以将常用的设置存储为自定义的预设，以后进行输出操作时，不需要一遍遍地反复设置，只需要单击■按钮，在弹出的下拉列表中选择即可。

"渲染设置模板"和"输出模块模板"对话框如图 12-13 和图 12-14 所示，可以从中选择预设的"渲染设置"和"输出模块"，调出对话框的方法是选择"编辑 > 模板 > 渲染设置"命令和"编辑 > 模板 > 输出模块"命令。

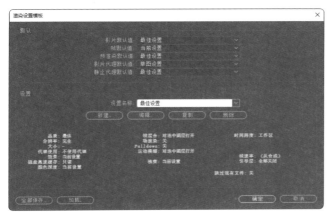

图 12-13

图 12-14

5　编码和解码问题

完全不压缩的视频和音频数据量是非常庞大的，因此在输出时需要通过特定的压缩技术对数据进行压缩处理，以减少最终的文件量，便于传输和存储。这样就产生了输出时选择恰当的编码器，播放时使用对应的解码器进行解压还原画面的过程。

目前视频流传输中最为重要的编码标准有国际电信联盟的 H.261、H.263，运动静止图像专家组的 M-JPEG 和国际标准化组织运动图像专家组的 MPEG 系列标准。此外互联网上广泛应用的编码标准还有 Real-Networks 的 RealVideo、微软公司的 WMT 及苹果公司的 QuickTime 等。

目前的文件格式，对于微软视窗系统中的通用视频格式 .avi，现在流行的编码和解码方式有 Xvid、MPEG-4、DivX、Microsoft DV 等。对于苹果公司的 QuickTime 视频格式 .mov，比较流行的编码和解码方式有 MPEG-4、H.263、Sorenson Video 等。

在输出时，最好选择普遍使用的编码器和文件格式，或者是目标客户已有的编码器和文件格式，否则，在其他播放环境中播放视频时，会因为缺少解码器或相应的播放器而无法看见视频画面或者无法听到声音。

任务实施

1 **输出标准视频**

（1）打开 After Effects CC 2019，在"项目"面板中选择需要输出的合成项目。

（2）选择"合成 > 添加到渲染队列"命令，或按 Ctrl+M 组合键，将合成项目添加到渲染队列中。

（3）在"渲染队列"面板中设置渲染属性、输出格式和输出路径。

（4）单击"渲染"按钮开始渲染，如图 12-15 所示。

图 12-15

（5）如果需要将此合成项目渲染成多种格式或者有多种解码方式，可以在步骤（3）之后，选择"图像合成 > 添加输出组件"命令，添加输出格式和指定另一个输出文件的路径、名称，这样可以方便地做到一次输出、任意发布。

2 **输出合成项目中的某一帧**

（1）在"时间轴"面板中，将当前时间标签移到目标帧处。

（2）选择"合成 > 帧另存为 > 文件"命令，或按 Ctrl+Alt+S 组合键，将渲染任务添加到"渲染队列"面板中。

（3）单击"渲染"按钮开始渲染。

（4）另外，如果选择"合成 > 帧另存为 > Photoshop 图层"命令，则将直接打开文件存储对话框，设置好存储路径和文件名即可完成单帧画面的输出。

项目13

掌握商业设计应用
——综合设计实训

13

本项目结合多个应用领域商业案例的实际应用，通过项目背景及要求和项目创意及制作，进一步讲解After Effects强大的应用功能和制作技巧。通过本项目的学习，读者可以快速掌握视频特效和软件的技术要点，设计制作出比较专业的案例。

 学习引导

知识目标
- 了解影视后期的常见商业应用

能力目标
- 熟练掌握商业项目的制作流程

素养目标
- 提高创新能力
- 提高对商业项目的掌控能力

实训项目
- 制作汽车广告
- 制作城市夜生活纪录片
- 制作草原美景相册
- 制作体育运动短片
- 制作科技类节目片头
- 制作《爱上美食》栏目动态标志
- 制作电器网 MG 动画

任务 13.1　广告制作——制作汽车广告

13.1.1　任务引入

某汽车生产公司主要生产敞篷旅行车、赛车和限量跑车。该公司现推出新款小火神 V7 系列跑车，要求制作一款能够突出跑车特点、展现品牌品质的汽车广告。最终效果参看云盘中的"Ch13 > 制作汽车广告 > 制作汽车广告"，如图 13-1 所示。

图 13-1

13.1.2　任务实施

（1）打开 After Effects CC 2019，按 Ctrl+N 组合键，弹出"合成设置"对话框，在"合成名称"文本框中输入"页面 1"，设置"背景颜色"为白色，其他设置如图 13-2 所示，单击"确定"按钮，创建一个新的合成。

（2）选择"文件 > 导入 > 文件"命令，弹出"导入文件"对话框，选择云盘中的"Ch13 > 制作汽车广告 > (Footage) > 01 ～ 14"文件，单击"导入"按钮，将文件导入"项目"面板中。

（3）在"项目"面板中选中"01"文件，并将其拖曳到"时间轴"面板中。选择"效果 > 过渡 > 卡片擦除"命令，在"效果控件"面板中进行设置，如图 13-3 所示。

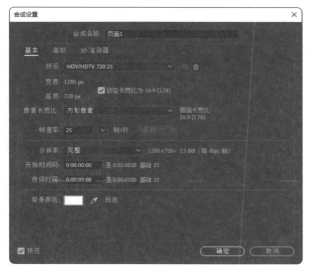

图 13-2

图 13-3

（4）将时间标签放置在 2:13s 的位置，在"效果控件"面板中单击"过渡完成"属性左侧的"关键帧自动记录器"按钮，如图 13-4 所示，记录第 1 个关键帧。将时间标签放置在

2:24s 的位置，设置"过渡完成"属性的数值为 100%，如图 13-5 所示，记录第 2 个关键帧。

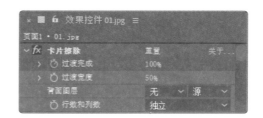

图 13-4 图 13-5

（5）用相同的方法将"项目"面板中的其他图片拖曳到"时间轴"面板中，并添加相应的效果和关键帧，完成汽车广告的制作，效果如图 13-6 所示。

图 13-6

任务 13.2 纪录片制作——制作城市夜生活纪录片

13.2.1 任务引入

微课 微课 微课
任务 13.2-1 任务 13.2-2 任务 13.2-3

澄石生活网是一个生活信息综合平台，为人们提供餐饮、购物、娱乐、健身等生活信息的一站式查询服务。现在需要为该平台的都市夜景栏目制作纪录片，要求纪录片能够体现出都市夜生活车水马龙、热闹非凡的氛围。最终效果参看云盘中的"Ch13 > 制作城市夜生活纪录片 > 制作城市夜生活纪录片"，如图 13-7 所示。

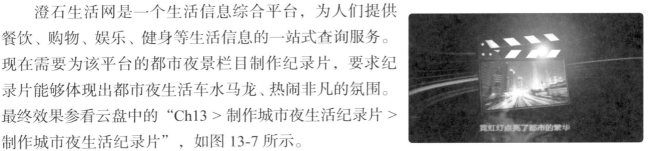

图 13-7

13.2.2 任务实施

（1）打开 After Effects CC 2019，按 Ctrl+N 组合键，弹出"合成设置"对话框，在"合成名称"文本框中输入"最终效果"，设置"背景颜色"为黑色，其他设置如图 13-8 所示，单击"确定"按钮，创建一个新的合成。

（2）选择"文件 > 导入 > 文件"命令，弹出"导入文件"对话框，选择云盘中的"Ch13 > 制作城市夜生活纪录片 > (Footage) > 01 ～ 04"文件，单击"导入"按钮，将文件导入"项目"面板中。

（3）在当前合成中新建立一个黑色图层并命名为"动态线条"。选择"效果 > 杂色和颗粒 > 分形杂色"命令，在"效果控件"面板中进行设置，如图 13-9 所示。

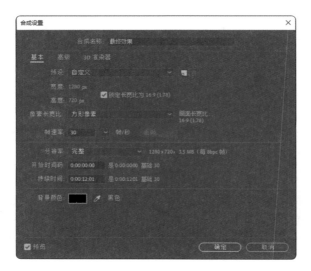

图 13-8

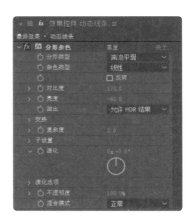

图 13-9

（4）展开"动态线条"图层"效果 > 分形杂色 > 演化"属性组，在按住 Alt 键的同时单击"演化"属性左侧的"关键帧自动记录器"按钮，激活表达式属性。在表达式文本框中输入 time*80，如图 13-10 所示。

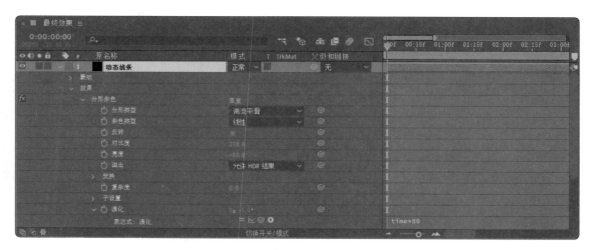

图 13-10

（5）用上述的方法添加其他图层并添加相应的效果，制作出最终效果，如图 13-11 所示。

图 13-11

任务 13.3 电子相册制作——制作草原美景相册

13.3.1 任务引入

卡嘻摄影工作室是一家综合性摄影工作室，现该工作室需要制作草原美景相册，要求相册能突出表现大草原独特的人文风光的草原美景。最终效果参看云盘中的"Ch13 > 制作草原美景相册 > 制作草原美景相册"，如图 13-12 所示。

13.3.2 任务实施

图 13-12

（1）打开 After Effects CC 2019，按 Ctrl+N 组合键，弹出"合成设置"对话框，在"合成名称"文本框中输入"最终效果"，其他设置如图 13-13 所示，单击"确定"按钮，创建一个新的合成。选择"文件 > 导入 > 文件"命令，弹出"导入文件"对话框，选择云盘中的"Ch13 > 制作草原美景相册 > (Footage) > 01 ～ 04"文件，单击"导入"按钮，将文件导入"项目"面板中。

（2）在"项目"面板中选中"01""02"文件并将其拖曳到"时间轴"面板中，如图 13-14 所示。

（3）保持时间标签在 0s 的位置，选中"02.png"图层，按 P 键显示"位置"属性，设置"位置"属性的数值为 -305.8,245.1，单击"位置"属性左侧的"关键帧自动记录器"按钮，如图 13-15 所示，记录第 1 个关键帧。

（4）将时间标签放置在 2s 的位置，在"时间轴"面板中设置"位置"属性的数值为683.3,245.1，如图 13-16 所示，记录第 2 个关键帧。

（5）按T键显示"不透明度"属性，单击"不透明度"属性左侧的"关键帧自动记录器"按钮，如图13-17所示，记录第1个关键帧。将时间标签放置在2:10s的位置，在"时间线"面板中设置"不透明度"属性的数值为0%，如图13-18所示，记录第2个关键帧。

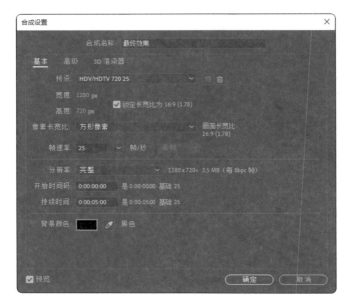

图 13-13

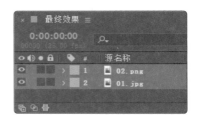

图 13-14

图 13-15

图 13-16

图 13-17

（6）用上述的方法将"项目"面板中的其他文件拖曳到"时间轴"面板中，并添加相应的属性制作动画效果。最终效果如图13-19所示。

图 13-18

图 13-19

任务 13.4 短片制作——制作体育运动短片

13.4.1 任务引入

时尚生活电视台是全方位介绍衣、食、住、行等资讯的时尚生活类电视台。现在该电视台需要制作体育运动短片，要求短片能够体现出体育运动丰富多彩、激情洋溢的特点。最终效果参看云盘中的"Ch13 > 制作体育运动短片 > 制作体育运动短片"，如图 13-20 所示。

图 13-20

13.4.2 任务实施

（1）打开 After Effects CC 2019，按 Ctrl+N 组合键，弹出"合成设置"对话框，在"合成名称"文本框中输入"视频"，其他设置如图 13-21 所示，单击"确定"按钮，创建一个新的合成。选择"文件 > 导入 > 文件"命令，弹出"导入文件"对话框，选择云盘中的"Ch13 > 制作体育运动短片 > (Footage) > 01 ～ 07"文件，单击"导入"按钮，将文件导入"项目"面板中。

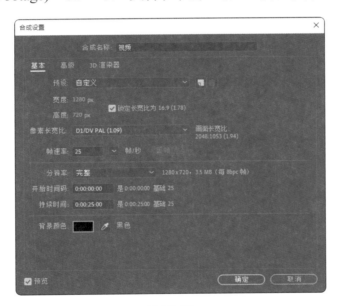

图 13-21

（2）在"项目"面板中选中"01"文件并将其拖曳到"时间轴"面板中。按 S 键显示"缩放"属性，设置"缩放"属性为 178.0,178.0%，如图 13-22 所示。

（3）将"项目"面板中的"02"文件拖曳到"时间轴"面板中，并设置"缩放"属性为178.0,178.0%。将"项目"面板中的"03"文件拖曳到"时间轴"面板中，并设置"缩放"属性为178.0,178.0%，如图13-23所示。将时间标签放置在8:02s的位置，按[键，设置动画的入点，如图13-24所示。

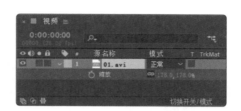

图 13-22

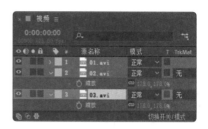

图 13-23

（4）用上述的方法将"项目"面板中的其他文件拖曳到"时间轴"面板中，并添加相应的属性和设置动画的入点，制作最终效果。效果如图13-25所示。

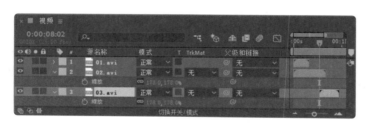

图 13-24

图 13-25

任务 13.5　片头制作——制作科技类节目片头

微课
任务 13.5

13.5.1　任务引入

《科学部落》是一档科技类节目，融汇科技资讯、科学知识等内容，现需要为此节目制作片头，要求能够体现出节目的科技特色。最终效果参看云盘中的"Ch13 > 制作科技类节目片头 > 制作科技类节目片头"，如图13-26所示。

图 13-26

13.5.2　任务实施

（1）打开 After Effects CC 2019，按 Ctrl+N 组合键，弹出"合成设置"对话框，在"合成名称"文本框中输入"文字动画"，设置"背景颜色"为黑色，其他设置如图13-27所示，

单击"确定"按钮，创建一个新的合成。

（2）选择"文件 > 导入 > 文件"命令，弹出"导入文件"对话框，选择云盘中的"Ch13 > 制作科技类节目片头 > (Footage) > 01 ～ 07"文件，单击"导入"按钮，将文件导入"项目"面板中。在"项目"面板中选中"05""06"文件，并将它们拖曳到"时间轴"面板中，图层的排列顺序如图 13-28 所示。

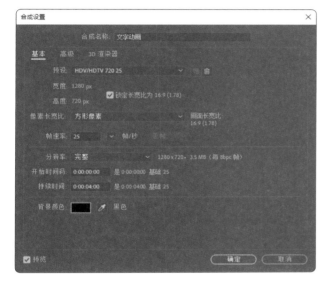

图 13-27

图 13-28

（3）选中"05.png"图层，按 P 键显示"位置"属性，设置"位置"属性的数值为 520.0，-9.0，单击"位置"属性左侧的"关键帧自动记录器"按钮，如图 13-29 所示，记录第 1 个关键帧。将时间标签放置在 0:10s 的位置，设置"位置"属性的数值为 520.0,312.0，如图 13-30 所示，记录第 2 个关键帧。

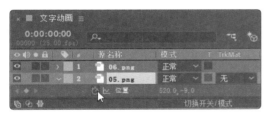

图 13-29

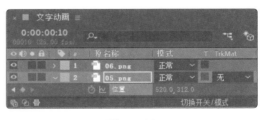

图 13-30

（4）将时间标签放置在 0s 的位置，按 T 键显示"不透明度"属性，设置"不透明度"的数值为 0%，单击"不透明度"属性左侧的"关键帧自动记录器"按钮，如图 13-31 所示，记录第 1 个关键帧。将时间标签放置在 0:05s 的位置，设置"不透明度"属性的数值为 100%，如图 13-32 所示，记录第 2 个关键帧。

（5）将时间标签放置在 0s 的位置，选中"06.png"图层，按 P 键显示"位置"属性，设置"位置"属性的数值为 810.0,555.0，单击"位置"属性左侧的"关键帧自动记录器"按钮，如图 13-33 所示，记录第 1 个关键帧。将时间标签放置在 0:10s 的位置，设置"位置"

属性的数值为810.0,312.0，如图 13-34 所示，记录第 2 个关键帧。

图 13-31

图 13-32

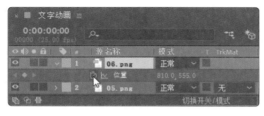

图 13-33

图 13-34

（6）将时间标签放置在 0s 的位置，按 T 键显示"不透明度"属性，设置"不透明度"属性的数值为 0%，单击"不透明度"属性左侧的"关键帧自动记录器"按钮，如图 13-35 所示，记录第 1 个关键帧。将时间标签放置在 0:05s 的位置，设置"不透明度"属性的数值为 100%，如图 13-36 所示，记录第 2 个关键帧。

图 13-35

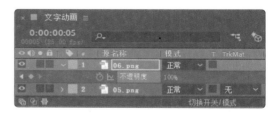

图 13-36

（7）将时间标签放置在 0:15s 的位置，选择"横排文字"工具，在"合成"面板中输入文字"科学"。选中文字，在"字符"面板中设置"填充颜色"为白色，其他设置如图 13-37 所示。用相同的方法输入文字"部落"，"合成"面板中的效果如图 13-38 所示。

图 13-37

图 13-38

（8）选中"科学"图层，选择"窗口 > 效果和预设"命令，弹出"效果和预设"面板，单击"动画预设"文件夹左侧的小箭头按钮将其展开，双击"Text > Animate In > 伸缩进入每行"，如图 13-39 所示，应用效果。"合成"面板中的效果如图 13-40 所示。

图 13-39

图 13-40

（9）选中"科学"图层，按 U 键显示所有关键帧，将时间标签放置在 1s 的位置，将第 2 个关键帧拖曳到时间标签所在的位置，如图 13-41 所示。

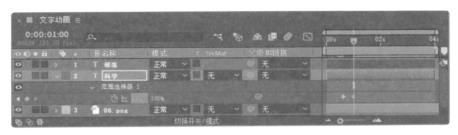

图 13-41

（10）用上述的方法添加其他图层和合成，并添加相应的效果，制作最终效果，如图 13-42 所示。

图 13-42

任务 13.6　电视栏目标志制作——制作《爱上美食》栏目动态标志

微课

任务 13.6

13.6.1　任务引入

《爱上美食》是一档美食栏目，致力于推广全国各地的特色小吃，传播地方饮食文化。

现要求为该栏目制作一款动态标志，要求风格简约，颜色醒目，主题鲜明。最终效果参看云盘中的"Ch13 > 制作《爱上美食》栏目动态标志 > 制作《爱上美食》栏目动态标志"，如图 13-43 所示。

13.6.2 任务实施

图 13-43

（1）打开 After Effects CC 2019，按 Ctrl+N 组合键，弹出"合成设置"对话框。在"合成名称"文本框中输入"01"，其他选项的设置如图 13-44 所示，单击"确定"按钮，创建一个新的合成"01"。选择"文件 > 导入 > 文件"命令，弹出"导入文件"对话框，选择云盘中的"Ch13 > 制作《爱上美食》栏目动态标志 > (Footage) > 01 ～ 03"文件，单击"导入"按钮，将文件导入"项目"面板，如图 13-45 所示。

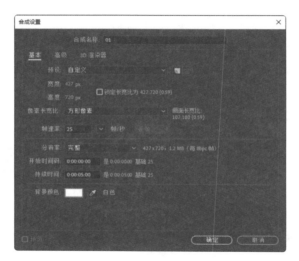

图 13-44

图 13-45

（2）在"项目"面板中选中"01"文件，并将其拖曳到"时间轴"面板中，如图 13-46 所示。按 S 键，展开"缩放"属性，设置"缩放"选项的数值为 34%，如图 13-47 所示。"合成"面板中的效果如图 13-48 所示。

图 13-46

图 13-47

图 13-48

（3）按 Ctrl+N 组合键，弹出"合成设置"对话框，在"合成名称"文本框中输入"02"，其他选项的设置如图 13-49 所示，单击"确定"按钮，创建一个新的合成"02"。

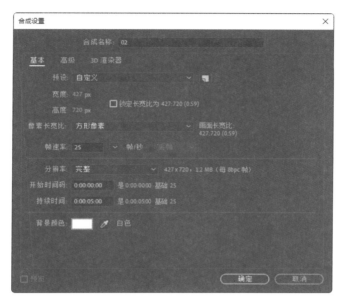

图 13-49

（4）在"项目"面板中选中"02"文件，并将其拖曳到"时间轴"面板中，如图 13-50 所示。"合成"面板中的效果如图 13-51 所示。

图 13-50

图 13-51

（5）按 Ctrl+N 组合键，弹出"合成设置"对话框。在"合成名称"文本框中输入"03"，其他选项的设置如图 13-52 所示，单击"确定"按钮，创建一个新的合成"03"。

（6）在"项目"面板中选中"03"文件，并将其拖曳到"时间轴"面板中，如图 13-53 所示。"合成"面板中的效果如图 13-54 所示。

（7）将时间标签放置在 0:00:00:13 的位置，选中"03.mp4"层，按 Alt+[组合键，设置动画的入点时间，如图 13-55 所示。将时间标签放置在 0:00:00:00 的位置，按 [键，设置动画的入点，如图 13-56 所示。

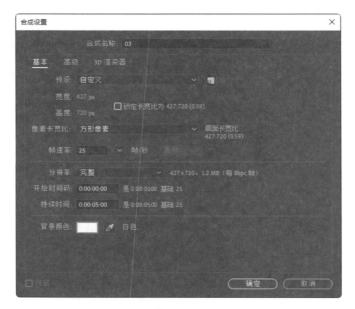

图 13-52

图 13-53

图 13-54

图 13-55

图 13-56

（8）用上述方法导入其他素材并制作动画效果，最终效果如图 13-57 所示。

图 13-57

任务 13.7　MG 动画制作——制作电器网 MG 动画

13.7.1　任务引入

微课
任务 13.7-1

微课
任务 13.7-2

微课
任务 13.7-3

微课
任务 13.7-4

爱上生活是一家家用电器网络零售商，在线销售各类家用电器。现需要为该网站设计一款 MG 风格的宣传动画，要求动画能充分体现出网站的特点，突出家电元素。最终效果参看云盘中的"Ch13 > 制作电器网 MG 动画 > 制作电器网 MG 动画"，如图 13-58 所示。

图 13-58

13.7.2　任务实施

（1）打开 After Effects CC 2019，按 Ctrl+N 组合键，弹出"合成设置"对话框，在"合成名称"文本框中输入"画面一"，设置"背景颜色"为白色，其他设置如图 13-59 所示，单击"确定"按钮，创建一个新的合成。

（2）选择"文件 > 导入 > 文件"命令，弹出"导入文件"对话框，选择云盘中的"Ch13 > 制作电器网 MG 动画 > (Footage) > 01 ～ 11"文件，如图 13-60 所示，单击"导入"按钮，将文件导入"项目"面板中。在"项目"面板中选中"01"文件，并将其拖曳到"时间轴"面板中。

（3）按 P 键显示"位置"属性，设置"位置"属性的数值为 640.0,345.0，单击"位置"属性左侧的"关键帧自动记录器"按钮，如图 13-61 所示，记录第 1 个关键帧。将时间标签放置在 0:10s 的位置，设置"位置"属性的数值为 640.0,290.3，如图 13-62 所示，记录第 2 个关键帧。

（4）将时间标签放置在 0:05s 的位置，按 S 键显示"缩放"属性，设置"缩放"属性的数值为 0.0,0.0%，单击"缩放"属性左侧的"关键帧自动记录器"按钮，如图 13-63 所示，记录第 1 个关键帧。将时间标签放置在 0:15s 的位置，设置"缩放"属性的数值为 100.0,100.0%，如图 13-64 所示，记录第 2 个关键帧。

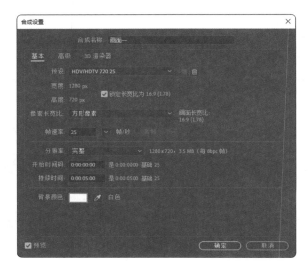

图 13-59

图 13-60

图 13-61

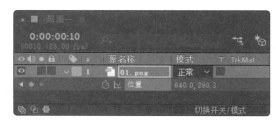

图 13-62

图 13-63

图 13-64

（5）用上述的方法制作其他动画及合成效果，最终效果如图 13-65 所示。

图 13-65